보이지 않는 질서

–생명 그리고 환경

보이지 않는 질서

-생명 그리고 환경

이재열

이재열 (경북대학교 생명과학부 교수)

서울대학교 농생물학과를 졸업하고 독일 기센대학교에서 박사학위를 받았다. 독일 막스플랑크연구소에서 박사후 과정을 수료하고 현재 경북대학교에 재직하고 있다. 『담장 속의 과학』, 『보이지 않는 보물』, 『바이러스, 삶과 죽음 사이』, 『미생물의 세계』, 『우리 몸 미생물 이야기』, 『자연의 지배자들』, 『보이지 않는 권력자』 등 미생물과 바이러스에 관한 여러 책을 펴냈다. 그 외에 『불상에서 걸어나온 사자』를 썼고 『파스퇴르』(공역), 『미생물의 힘』(공역)을 우리말로 옮겼다.

보이지 않는 질서 – 생명 그리고 환경

초판1쇄 2011년 12월 6일 • **초판4쇄** 2014년 8월 20일
지은이 이재열 • **펴낸이** 손동철 • **펴낸 곳** 경북대학교출판부 • **출판등록** 1973년 10월 10일 ㉣97호
주소 대구광역시 북구 대학로 80 • **전화** 053-950-6741~3 • **팩스** 053-953-4692
이메일 press@knu.ac.kr • **홈페이지** http://knupress.com
ISBN 978-89-7180-323-3 93470

파본은 바꾸어 드립니다.
정가는 뒤표지에 있습니다.

머리말

생명 그리고 환경

우리는 아직 '생명이란 무엇인가?'라는 질문에 만족할 만한 답을 내놓지 못하고 있고, '생명'은 여전히 신비로움에 싸여 있다. 생명의 문제는 바로 생물의 존재의식에 대한 문제와도 통하기 때문에 그만큼 이해하기 어려운 것이다. 사람들이 살면서 나름대로 존재에 대한 의미를 생각하고 의문을 가진 것은 어제 오늘의 문제가 아니라 아마도 인류가 처음 생겨나서부터 비롯한 일일 것이다. 생명에 대한 의문은 과학이 발전하기 이전에는 철학적인 면에서 중점적으로 다루었던 문제이지만 점차 과학이 발전하면서 사람들은 생명에 대한 의문을 가설과 실험을 통한 과학적인 측면에서 해석해 보려고 시도하고 있다. 그러나 현대에 와서 과학이 눈부시게 발전하였다고는 하지만 아직까지도 생명에 대한 신비는 그 모습을 드러내지 않고 비밀의 화원 안에서만 꽃피고 있다. 사람들은 다만 생명체들이 보여주는 생명현상을 보고 즐기면서 겉으로 드러나는 생명현상으로부터 내면적인 생명의 본질에 대한 의미를 미루어 짐작해 볼 뿐이다.

생명과 마찬가지로 '환경이란 무엇인가?'라는 문제에 대하여도 역시 만족할 만한 해답을 얻어 내지 못하고 있다. 환경이란 물리 · 화학적인 요소들뿐만이 아니라 생명체들이 살고 있는 생물적인 요소를 모두 포함하는 총체적인 것이기 때문이다. 다시 말하자면 생명이라는 문제의 해답이 한없이 깊은 뜻을 가진다고 한다면 환경이라는 문제의 해답은 한없이 넓은 의미를 지니고 있다 할 것이다. 이렇게 생명과 환경이란 문제는 각각 나름대로의 커다란 문제점을 끌어안은 채 어느 것 하나라도 완전한 해답을 제시하지 못하고 독립적인 영역을 확보하고 있다. 따라서 이들에 대한 각각의 설명만으로도 책 한 권이 부족할 정도이다. 더 나아가 생명과 환경에 대한 해석은 서로 독립적이기도 하지만 결국에는 서로가 서로를 보충하면서 설명할 수밖에 없는 연관성을 가지고 있다.

생명과 환경이 각각 독립적이면서도 서로가 보완적인 면을 가지고 있으므로 이들이 가지고 있는 의미를 살펴보면서 서로가 어떻게 관계하고 있는지 살펴보는 것도 매우 흥미로운 일이다. 모든 생명체는 환경 속에서 나름대로의 삶을 영위하고 있는데, 이렇게 살아가는 생명체들을 끌어안으며 환경은 또한 새로운 방향으로 변화를 계속하는 것이다. 사람들이 지구 위에 태어난 이후부터 정신과 물질적으로 발전을 거듭해 왔지만 오늘날에는 기술과 문명이 정신과 문화를 앞서간다고 생각할 수 있는 정도에까지 이르게 되었다. 이와 더불어 환경은 자연적 · 인공적인 모든 조건들을 포용하기 때문에 더더욱 새로운 위치를 차지하고 있으며 앞으로 어떠한 방향으로 변화하는지 예측하기조차도 어려운 형편이다. 따라서 환경이 예측하기 어려운 문제이고 우리의 일상생활이 바쁘다는 핑계로 우리가 변화하고 있는 환경에 대한 문제를 외면할 수는 없다. 사람만이 생각하고 또한 행동할 수 있는 능력을 부여받았으므로 우리 자신이 살고 있는 지구에서의 환경문제를 우리가 책임지고 풀어 나가야 할 궁극적인 과제라고 생각한다. 우리 모두는 생명과 환경에 대한 깊이와 넓이를 이해하고 이를 바탕으로 행동함으로써 결국은 우리들이 해결해야 할 과제를 조금씩 풀어 가야만 한다.

모든 분야의 학문은 각각 독립적이지 않고 한데 어울리면서 서로가 부족한 부분을 보충해 주고 있다. 더구나 많은 학문들이 그들만의 영역을 벗어나 학제간 협력체계를 갖추며 새로운 학문으로 나아가고 있다. 그렇기 때문에 많은 사람들이 '학문의 길은 하나다'라고 말하는 이유를 더욱 실감나게 느낄 수 있다. 따라서 우리가 항상 궁금하게 여기는 여러 가지 근본적인 문제들은 어느 한순간에 갑자기 해결되지 않고, 모든 분야의 학문들이 종합적으로 협력함으로써 조금씩이나마 그 의문이 벗겨지게 될 것이다.

생명과 환경이 서로 어울리면서 나타나는 현상은 삶이며, 생활이고 또한 이들이 모여서 문화(culture)를 이룬다. 문화라는 말은 '재배'라는 의미로도 쓰이며, 동시에 '교양'이라는 뜻으로도 함께 쓰인다. 사람이 환경 속에서 생명을 영위하기 위한 수단으로 물질을 만들어내는 것이 재배(culture)라고 한다면, 정신적인 측면에서 이루어지는 활동은 교양(culture)이라고 할 수 있다. 문화와 재배 그리고 교양이라는 뜻이 모두 영어로는 한 단어인 'culture'로 같이 쓰인다는 것은 매우 흥미로운 일이다. 결국 이 단어가 여러 가지의 의미를 함께 지니고 있다는 것은 바로 생명체로부터 비롯되는 모든 생명활동이 환경 안에서 함께 어우러지면서 일어나는 생명현상을 뜻하는 것이기도 하다. 더구나 이러한 현상들이 생명과 환경이라는 공통의 뿌리로부터 자라나서 가지를 친 각각의 생명현상이라고 생각할 수 있다.

생명이라는 문제로 귀결되는 존재의식은 자연으로부터 비롯되었고 그것은 또한 환경 속에서 존재한다. 존재라는 의식은 시간과 공간을 넘나들면서 모양새를 달리하기도 하며 한참 동안 있다가 없어지기도 한다. 겉모습이 달라진다고 본질적인 것이 변하지는 않는다. 환경 속에 자리하고 있는 생명체는 모두 하나의 종(種)으로서의 의미를 가진 채 생명현상을 유지하고 있는데, 사람들의 의식이 자신을 제일 높은 자리에 올려놓고 자기중심적으로 생각하기 때문에 모든 어려운 문제들이 나타나게 된 것이다. 환경 속에 포함된 사람도 스스로 환경을 이루고 있는 하나의 요소에 불과한 것이다. 사람이 아무리 생물과 환경을 자유롭게 다룬다고 하더라도 환경 속에 포함된 생물의 한 종이라는 사실에서 벗어날 수는 없다.

이 책에서 의도하는 것처럼 각 장을 이루는 기본적인 설명과 이를 뒷받침하는 몇 가지의 예만으로 생명과 환경의 여러 가지 문제점을 충분히 설명할 수는 없다. 사람이 살아가면서 만들어 낸 환경에 대한 문제점을 이해하고 그 대책을 마련해야 하는 것이 바로 우리가 해결해야 할 사명이다. 그러므로 우리는 인간중심적인 사고로부터 벗어나 모든 생명현상을 올바로 보고 이해하려는 마음가짐에서 모든 생명체를 살펴보는 것이야말로 삶의 질을 높일 수 있고 지구 미래의 문제를 해결할 수 있는 궁극적인 길이 되는 것이다.

생명과 환경의 관계는 삶이요, 생활이요, 문화이다.

이것은 모든 것들이 서로 어울리며 만들어 내는 아름다운 관계이다.

혼자만의 것이 아니라 주위의 것들과 관계를 맺으며 나타나는 조화의 세계이다.

이 책에서는 생명과 환경이라는 큰 문제를 생각하면서 이들 각각의 특징적인 의미보다는 이들이 서로 어울리면서 만들어 내는 상관관계에 중심을 두고 생각하도록 노력하였다. 그것은 한마디로 생명과 환경의 조화를 살펴보자는 것이다. 이러한 생각을 갖고 각각의 장마다 먼저 원칙에 가까운 내용을 소개하고 다음에 이러한 설명을 뒷받침할 수 있는 몇 가지의 예를 들어 보았다. 어느 예 하나라도 생명과 환경 문제를 만족할 수 있도록 설명할 수는 없다. 다만 그럴 수 있겠다고 생각하는 정도의 보충설명일 수밖에 없다. 그것은 바로 사람도 어쩔 수 없이 생물의 한 종이며 환경 요소의 한 부분이기 때문이다.

마지막으로 이 책은 2009 KNURF 저술장려비를 지원받아 출간되었음을 밝히며, 이 자리를 빌려 학교 당국의 지원에 감사를 드린다. 그리고 이 글을 정리하도록 오래전부터 알게 모르게 격려해준 동료 교수와 연구자 그리고 학생들에게 감사한다. 그리고 부족한 원고를 더 좋은 모습으로 태어나도록 애써 준 출판부 편집자들에게 감사의 말을 전한다.

목차

I. 생명(生命, Life)과 생명체(Living Organism)

살아 있는 생명체

최근 급속한 발전을 이루어낸 과학과 기술의 성과에도 불구하고 우주의 생성, 지구의 탄생, 생명의 기원 그리고 생물의 진화 등의 중요한 문제에 대한 의문이 완전히 해결되지 않고 있다. 이들 근본적인 문제에 대한 의문은 이미 오래전부터 사람들의 지적인 연구 활동에 깊은 영향을 끼쳤으며, 동시에 이들 문제들 속에는 간단히 해결되지 않는 신비로움이 깃들어 있다고 여기게 만들었다.

그렇지만 사람들은 이러한 근본적인 문제에 대한 의문과 신비로움에 굴하지 않고 이성과 지성으로 어려움을 극복하면서 끊임없는 탐구심과 노력으로 그 신비를 풀어나가고 있다. 사람들의 이러한 노력의 결과로 근본적인 문제에 대해서 어느 만큼의 부분적인 해석을 이끌어 낼 수 있었지만, 아직 모든 사람들이 만족할 만한 성과에 이르지는 못하고 있다. 아마도 이러한 속도로 연구가 계속된다면 다음 세기까지는 적어도 생명의 신비에 대한 의문이 어느 정도 해소될 수 있으리라 예상할 수 있다.

현대 생활에서 가장 근본적인 문제 가운데 하나가 생명의 신비에 관한 문제이다. 생명에 관한 문제는 자체로 독립적인 문제이기도 하지만 여기에는 생명체들의 모든 생명 활동이 포함되어 종합적인 문제로 그 범위가 넓어진다. 생명 활동은 생명체가 살고 있는 환경을 무시할 수 없다. 더구나 생물이 살고 있는 모든 조건들이 환경을 구성하는 요인이 되기 때문에 서로가 더욱 복잡하게 맞물려 돌아가고 있다. 이처럼 생명과 환경은 서로 떼어서 생각할 수 없는 긴밀한 관계를 유지하고 있다.

우리는 이제 생명에 관한 문제를 환경과 더불어 생각해야 하는 것은 물론이고, 생명과 환경에 관한 근본적인 문제를 풀어나가기 위해서는 모든 분야의 학문적 성과를 동원하여 머리를 맞대고 진지하게 살펴보아야 할 것이다.

'생명이란 무엇인가?'라는 의문은 아직까지 풀리지 않고 있는 수수께끼의 하나이며 한마디로 간단히 줄여서 설명할 수 없는 문제이다. 그러나 생명이 있는 것과 없는 것의 차이점을 비교해 봄으로써 어느 정도의 생명에 대한 의문점을 해결해 보려는 노력이 지금까지 진행되고 있다. 살아 있는 모든 생물과 죽어 있는 무생물에서의 근본적인 차이를 알아보기 위해서는 이들을 분해한 다음에 그들의 구성원소를 따져 보는 실험으로 서로 다른 점을 살펴볼 수 있다. 그러나 어떠한 경우에도 생물에서만 독특하게 발견되는 원소는 존재하지 않는다는 것을 알 수 있다.

숲 속에 들어가 나뭇잎 사이로 햇빛을 바라볼 때 살아 있는 나무 잎사귀는 싱싱하고 영롱한 생명의 빛깔을 보여 준다. 같은 나뭇잎이라도 생명을 잃어버리고 땅에 떨어져 거름으로 이용되는 나뭇잎의 색깔은 죽음의 색깔이다. 그렇지만 이렇게 겉으로는 달라 보이는 나뭇잎이라도 이들의 본질적인 구성 물질에서는 차이가 없다. 이와 같이 생물의 구성원소도 무생물에서와 같은 원소로 구성되었지만, 생물체를 이루는 구조와 구성방식이 서로 차이가 날 뿐이다. 다시 말하자면 생물체의 구조는 무생물과 같은 원소를 재료로 이루어지지만, 생물체만이 가지고 있는 독특한 체계에 따라 만들어진 거대한 생물분자들이 모여 하나의 생명체를 구성한다는 것이다.

생물이 가지는 체계, 즉 '살아 있다'라는 특징을 나타내는 것은 '살아 본 적도 없는' 무생물의 구성원소로부터 전혀 새로운 살아 있다는 특성을 갖추게 하는 생물분자를 만들어 내는 방법에 대한 설명은 아직도 신비에 싸여 있는 것이다. 도대체 생물분자는 어떻게 이루어지는 것일까? 이제까지 사람들이 알아낸 생물분자를 만들어 내는 방법은 결코 우연적이거나 무작위로 이루어지는 것이 아니라 철저하게 조직화되고 분업화된 작업들이 일정한 정보에 바탕을 두고서 질서정연하게 이루어지고 있다는 것이다. 우리는 이러한 정보를 특별히 '유전자(gene)'라고 부른다.

생물체가 가지는 모든 기능들이 유전자의 형태로 저장되고 이용되는 정보를 가진다는 것은 생물과 무생물에 있어서 아주 커다란 차이점이다. 물론 이들 유전자 중에는 유전자 자신들의 복제에 필요한 정보도 있지만 생물체를 구성하기 위하여 필요한 모든 정보가 모든 세포의 핵 안에 염색체의 형태로 들어 있다. 이러한 염색체에는 세포의 분열과 아울러 이들 세포가 모여서 생물체를 이루는 개체 형성에 필요한 발생과정과 그리고 생장과정은 물론 생식과정에 필요한 모든 정보가 들어 있다. 따라서 하나의 생명체가 증식하면서 대를 이어갈 수 있다는 것은 바로 이러한 유전자 정보의 활동에 따라 이루어지는 것이라고 말할 수 있다.

유전자를 구성하는 유전물질이 핵산(nucleic acid)이라고 하는 생물분자로 이루어진다는 것은 이미 잘 알려져 있다. 유전자 속에 들어 있는 DNA(deoxyribo-nucleic acid)라는 생물분자가 유전암호로 작용하여 지정된 아미노산을 연결하게 함으로써 유전정보에 딱 들어맞는 단백질(protein)이라는 거대한 생물분자를 만들어내는 것이다. 이러한 과정은 생물체가 나타내는 중요한 생명현상의 하나로 단백질의 생합성(biosynthesis) 과정이라고 부른다. 이렇게 여러 가지 독특한 성질을 두루 갖추고 있는 생명이라는 문제를 간단히 정의하기는 어렵지만, 겉으로 드러나는 생명현상을 살펴봄으로써 생명을 어느 정도 이해할 수는 있을 것이다.

● 살아 있다는 생명현상

생명이란 모든 생물체에서 공통적으로 존재하는 속성 또는 특성을 말하고 있지만 한마디로 간단명료하게 정의를 내리기란 대단히 어렵다. 경우에 따라서는 생물 그 자신뿐만 아니라 그들이 이루어내는 활동인 생명현상까지도 포함시켜서 생명이라고도 부르기 때문이다. 이제까지 알려진 생명에 관한 정의에서는 기본적인 무기물질과 유기물질로부터 이루어지는 생체 유기물질의 생성과정, 하나의 세포로부터 시작되는 발생과 생장, 생물분자의 합성과 기능, 생물체의 자극에 대한 반응성, 생리대사의 조절작용, 에너지생산을 위한 물질대사 그리고 다음 세대를 만드는 증식과정 등의 여러 가지 생명현상을 특징으로 열거하는 것이 보편적인 설명이다. 다시 말하면 살아 있는 하나의 세포가 나타내는 모든 성질을 생명현상이라고 볼 수 있다. 살아 있는 세포는 1) 우선 영양물질을 얻어서, 2) 이것을 이용함으로써 필요한 에너지를 만들고, 3) 몸체를 키우고, 4) 나머지는 바깥으로 배설한다. 이러한 과정 도중에 5) 자극에 대하여 반응하고, 6) 환경에 적응하며 더 나아가 7) 자기와 똑같은 것을 만들어내는 생식 능력을 가진다.

생명을 정의하기 위해서는 생명현상의 특징을 찾아 보고 이러한 생명현상의 과정에서 나타나는 원자로부터 분자를 거치고 다시 복합체를 형성하여 생물분자로 바뀌면서 이들이 바로 생물체로서의 특징을 가지게 되는 점을 고려하여야 한다. 이러한 생물분자가 바로 생명현상을 위한 영양물질이 되고, 생장을 위한 기본물질로 이용되는 것이다.

모든 생물체는 일정한 형태를 갖추기 위하여 모형을 짜 맞추는 생장과정이 필요하고, 또한 대사과정을 통하여 에너지를 얻어 이용하고 나머지를 배설한다. 생장과 대사에 필요한 에너지를 얻고 부산물을 배출하는 과정에 이용되는 에너지를 이용하는 방법으로는 화학반응과 촉매반응도 있으나, 생물적 반응과 이를 위한 효소의 이용이 더욱 두드러진 특징이다. 이렇게 생물체는 일정한 형태를 갖춘 이후에 생명의 특징으로 자극에 대하여 반응하고 움직이게 된다. 이후에도 자손을 퍼뜨리기 위한 유전학적인 유전자 변이가 관계된다. 여기에서는 기계론적인 생명현상의 설명으로 어느 정도 설명이 가능하다.

보편적인 생명현상에 대한 설명의 하나로 잘 알려진 엥겔스(F. Engels)의 '생명이란 단백질의 존재양식이다'라는 정의는 생명현상의 기본을 물질대사에 두고 있다. 생물체에서 일어나는 모든 물질대사는 단백질이 기본물질인 효소에 의하여 일어난다는 것을 뜻하고 있다. 물질대사는 하나의 생명체에서 끊임없이 물질이 들락거리며 바뀌고 이에 따라서 에너지가 만들어지고 또한 이용되는 생명의 특성을 보이면서 동적인 평형상태를 유지하는 것이라고 본다. 그러나 자연계에 존재하는 무생물에서도 이와 비슷한 현상이 발견되고, 이러한 물질의 이동에 중심을 둔 기계론적인 설명은 무생물에서 나타나는 현상에서도 같이 적용할 수 있으므로 생명의 특성을 기계론적인 현상만으로 보고 설명하기에는 더욱 어려운 점이 있다.

생물체를 구성하는 기본적 단위인 세포에서 생명현상이 이루어지기 위해서 가장 중요하다고 생각해야 하는 것으로는 우선 물질이 이동되고 안과 밖을 구별해주는 세포막을 꼽을 수 있으며, 다음으로는 생명현상이 이루어지고 있는 세포질의 중요성을 생각하여야 한다. 그리고 마지막으로는 생식을 위한 유전물질이 존재하는 핵의 중요성을 염두에 두어야 한다.

1940년대에 이르러 핵산의 중요성이 알려지기 시작하면서 물질대사만으로는 생명을 정의하기 어렵고, 핵산 가운데 유전자의 본체인 DNA가 증식의 기초가 되는 것을 보아서 물질대사보다도 오히려 증식이 생명의 기본적인 특성이 될 것이라는 생각이 크게 각광을 받았다. 이와 함께 생명현상의 대부분이 피드백(feed back) 방법에 의한 조절작용이 기본적인 역할을 하는 것으로 보아서 '생명이란 제어(制御) 바로 그것이다'라는 정의도 나타나기에 이르렀다. 이 제안에서는 생물과 자동적으로 제어되는 기계가 같은 뜻으로 이야기되는 것으로 보이기는 하지만, 기계는 어디까지나 인간이 만들어 낸 부속물에 불과한 것이고 생물체는 그 안에서 스스로 이루어지는 조절작용이 중심이 된다고 생각하면 이해하기가 어렵지 않을 것이다.

이렇게 생명현상에 대한 설명에는 기계론적인 해석만이 아니라 생물학적인 설명이 보충되어야 하고 더 나아가 생명체의 생리 · 생태적인 설명이 추가되면서 결국은 생명체뿐만이 아니라 그들이 살고 있는 환경문제까지도 언급되어 생명체와 환경이 어우러진 전체적인 해석으로 통합되어 생명현상에 대하여 설명되는 것이 바람직하다고 할 수 있다.

● 생명의 기원을 보면

생물이 언제 어떻게 지구 위에 출현하였는가에 대하여는 아직까지 명확한 증거를 제시하지 못하고 항상 의문에 싸인 채 밝혀질 날을 기다리고 있다. 사람들은 생명의 기원에 대해 커다란 의문을 가지면서도 몇 가지의 가설과 추측으로 설명해 보고자 노력하고 있다. 근래에 이르러 자연과학의 발전과 더불어 생물학도 크게 발전하였고, 이에 따라 가설과 추론에만 의지하였던 생명의 기원 문제에 대해서도 과학적인 접근이 이루어지게 되었다. 이러한 생명의 기원에 대한 연구의 시작은 또다시 생물학의 발전에도 영향을 주는 부메랑효과를 가져오게 하였다.

지구의 나이는 약 45억 년이며, 최초의 생명체는 적어도 35억 년 전에 태어났다고 한다. 생명체 탄생의 증거로는 화석의 예를 인용하는데, 산호초 모양의 갈색 바위로 약 35억 년의 나이를 가진 스트로마토라이트(stromatolite)는 당시에 번성했던 미생물 공동체의 퇴적물이다. 다른 것으로는 남조류(藍藻類, blue-green algae)라 불리는 시안세균(cyanobacteria)과 비슷한 원시 세균의 흔적이 남아 있는 화석의 예에서 살펴볼 수 있다. 이러한 화석으로부터 생명체의 출현 시기는 추정하지만 그 기원에 대해서는 결론을 내리지 못하고 있다.

대체로 생명의 기원에 대한 설명은 크게 나누어 볼 때, 우선 이미 존재하던 생명체가 지구로 들어왔거나 자연적으로 발생하였다고 생각할 수 있다. 다음으로 지구의 환경이 생물체가 만들어질 수 있도록 점차 변화되었고 생명체도 시간이 지나면서 변화되었다고 생각할 수 있다. 먼저의 생각은 다시 1) 외계로부터의 생명체 유입설과 2) 자연발생설로 설명되고, 나중의 생각은 1) 화학적인 진화론과 2) 생물적인 진화론으로 나누어 설명할 수 있다.

먼저의 생각 가운데 첫 번째 설명이 될 수 있는 외계로부터의 생명체 유입설에 의하면 이미 만들어져 있던 포자와 같은 생명체가 다른 천체로부터 지구에까지 운석에 실려 왔다. 지구 밖으로부터 생명의 기원을 찾으려는 여러 가지 이론을 포괄적으로 포자범재설(胞子汎在說)이라 일컫는다. 이러한 설명들은 외계의 공간에서

걸러지지 않고 직접 쪼이는 자외선 때문에 생명체가 살아남기 힘들다는 점과 외계 조건에서 대기권으로의 진입과정에 발생하는 뜨거운 열 때문에 생명체가 살아남기 어렵다는 점에서 큰 설득력이 없다. 다만 이 설명은 지금까지 설명할 수 없는 운반체나 힘에 의하여 지구 이외의 다른 곳에서 먼저 출현한 생명체가 지구로 옮겨왔다는 설명일 뿐이다.

최근 미국 항공우주국(NASA)은 화성으로부터 유래된 앨런힐스 운석에서 생물체에서만 존재하는 다환성 방향족 탄화수소군(polycyclic aromatic hydrocarbons, PAHs)이 발견되었다고 발표하면서, 이를 생명 기원의 새로운 증거로 제시하고 있다. PAHs가 생명체의 화석이라면 최소한의 세포 흔적인 세포막의 일부라도 동시에 발견되었어야 할 것이다. 모든 생물체는 외부와 구분되는 막 구조를 가지기 때문이다. 최초의 생명체 탄생에 대한 오랜 논쟁 끝에 고등생물체는 지구에만 있다고 결론을 내리는 이때에 PAHs의 발견은 운석이 어디에서 유래하였든지 생명체에 관여했다는 사실만은 분명한 것이다. 그렇지만 이러한 발견을 증명할 만한 새로운 사실에 대해서는 시간을 두고 조사와 탐사가 필요하고, 또한 이를 바탕으로 새로운 가설을 세우기에는 아직도 부족한 점들이 너무 많다.

먼저의 생각 가운데 두 번째 설명으로는 지구상에서 생명체가 자연적으로 발생하였다는 것인데, 이러한 생명체의 자연발생설은 과학이 크게 발전하지 못하였던 고대로부터 오랫동안 사람들이 지켜 내려온 생물의 기원에 대한 의견이다. 예를 들자면 고대 이집트 사람들은 불탄 삼나무 껍질의 불티에서 반딧불이(개똥벌레)가 나오고, 사람의 땀에서 이가 생기며, 나일 강의 진흙 벌에서 개구리와 악어가 발생한다고 믿었다. 그리스의 유명한 자연철학자인 아리스토텔레스(Aristoteles)가 체계화시킨 고전적인 유기체 이론 이후부터 16세기까지 유럽 사람들은 자연발생설을 그대로 믿고 있었다. 적어도 18세기 이전까지는 사람들이 생물체가 진화를 통하여 이루어졌다는 진화의 개념을 가지고 있지 못하였다.

지금은 대부분의 사람들이 생명체가 원시의 점액으로부터 태어나 수억 년을 거쳐 진화했다고 생각하며 자연적으로 발생하기는 불가능하다고 믿고 있다. 레디(F. Redi)는 1680년경에 썩어 가는 고기에 망을 씌우고 고기에서 자연적으로 구더기가 생기지 않는다는 사실을 밝혔고, 그로부터 약 200년 후에 파스퇴르(L. Pasteur)는 백조목 플라스크를 이용하여 미생물도 자발적으로 생기지 않는다는 것을 증명하였다. 더 나아가 많은 연구자들은 여과성 바이러스와 같은 아주 작은 생물체조차도 자발적으로는 발생할 수 없고, 바이러스의 번식을 위해서는 살아 있는 바이러스 입자와 숙주세포가 필요하다는 것을 밝혔다. 그렇지만 지구 표면의 물리, 화학적인 조성이 지금과 달랐던 수십억 년 전의 상태에서는 최초의 생명이 무생물로부터 생겨날 수 있었다고 추측하기도 한다.

● 화학적 진화와 생물적 진화

과학이 발전하면서 생명체의 기원에 대한 사람들의 생각도 발전하여 더 이상 생명체는 자연적으로 생성되지 않고 최초의 생명물질로부터 조금씩 변화되는 과정을 거쳐 생명체로 진화하였다는 의견으로 모아지고 있다. 이러한 생명의 기원에 대한 진화적인 설명을 보완하고자 화학적인 진화과정과 생물적인 진화과정으로 나누어 설명하기도 한다. 지구 환경이 생물체가 나타날 수 있는 조건으로 바뀐 후 원시생명체가 나타날 때까지의 과정이 화학적인 테두리 안에서 이루어진 것이라고 화학적인 진화과정을 설명한다면, 원시생명체로부터 점점 복잡하게 분화된 생물체로 바뀌는 과정은 생물적인 진화라고 구분할 수 있다.

지구에서 최초의 생명은 어떻게 탄생하였을까? 여간 궁금하지 않을 수 없다. 지금부터 약 40억 년 전의 지구 상태는 지금과 달리 산소가 없었으며 주로 메탄이나 암모니아 따위의 환원성 물질이 풍부하였고 태양에너지와 방사선 및 자외선이 매우 강했던 것으로 생각된다. 이러한 상태에서 생명체를 구성하는 데 필수적인 유기화합물 간에 자발적인 초기 합성이 이루어지고 이들이 생체고분자 물질로 만들어졌다고 생각된다. 이러한 변화를 특히 '화학적인 진화'라고 부르며 이를 통하여 생명이 탄생되고 원시생물체로부터 복잡한 생물체로 생명이 이어져 오늘에 이른 것이라고 본다.

저분자화합물 → 고분자화합물 → 원시생물 → 원핵생물 → 진핵생물이라는 과정을 거쳐 무생물로부터 생물체가 생겨났고 진화현상이 계속되었다는 개념은 오파린(A. I. Oparin, 1894 ~ 1980)이 그의 저서 『생명의 기원』(원제목은 *The origin of life on earth*이다)에서 주장하였다.

약 45억 년 전쯤에 지구가 처음 생겼을 때에는 매우 뜨겁게 녹아 있었으며, 그러한 상태는 약 35억 년 전 생명이 나타날 때까지 지속되었다. 그 시대의 원시대기는 내부로부터 분출된 환원상태의 메탄, 암모니아, 물로 구성되었으며, 산소원자는 물과 결합하였거나 산화물 상태로 존재했으므로 유리된 산소는 없었다. 원래 지구의 지각부분에 존재하는 탄소원자는 금속성 탄화물로 존재하였고 이들 탄화물은 물과 반응하여 아세틸렌을 형성하였으며 이들이 중합하여 탄소원자의 긴 사슬을 가진 화합물을 형성하였다.

유기화합물에는 단백질을 구성할 수 있는 기본물질인 아미노산이 풍부하게 녹아 있었다. 아미노산은 바다에 녹아 축적되었는데, 이들이 서로 반응하여 큰 분자로 성장하면서 드디어는 단백질 비슷한 물질로까지 발전하였다. 이러한 원시단백질들은 처음에는 바다 속에서 서로 섞여 있었지만, 물속을 헤엄치다가 서로 부덪치고 합쳐지면서 막으로 둘러싸인 망울(液滴이라고도 부른다) 모양으로 변하였을 것이다. 이렇게 용액으로부터 분리된 망울 모양을 특별히 코아세르베이트(coacervate)라 부른다. 처음의 코아세르베이트 입자는 단순한 구조였지만, 자발적인 반응을 반복하면서 점점 복잡한 물질로 변하였고, 드디어는 원시적인 최초의 생명에까지 이르게 되었다고 한다. 이러한 설명을 코아세르베이트설 또는 유기국물설이라 한다.

무기물질로부터 유기물질이 합성될 수 있다는 가설이 실험적으로 알려지기 시작하였다. 한편 유레이(H. C. Urey)와 밀러(S. L. Miller)는 원시지구와 같은 환경을 만들어 실험한 것은 흥미롭게도 왓슨(J. Watson)과 크릭(F. Crick)이 DNA의 이중나선 구조를 밝혀낸 때와 같은 해인 1953년이었다. 유레이 교수는 이미 1934년에 노벨상을 수상한 저명한 화학자였지만 그의 제자인 밀러는 23살의 대학원생이었다. 밀러는 실험실에서 원시지구의 자연 상태를 흉내 내어 수증기, 메탄, 암모니아, 수소가스의 혼합물을 전기적인 방전 속에 일주일 동안 노출시킨 후에 종이 크로마토그래피로 분석한 결과에서 놀라운 변화를 발견하였다. 엷은 갈색으로 변한 국물 속에는 글리신, α 및 β 알라닌, 아스파라긴산과 α-아미노-n부티르산 외에도 복잡한 유기화합물이 간단한 화학반응으로부터 생성되었기 때문이다. 그러나 그가 실험에 사용한 기체의 조성은 환원적인 대기조성으로 요즈음 많은 사람들이 생각하는 산화적인 원시대기의 구성과는 똑같지는 않았다는 것이 알려지고 있다. 그렇지만 그것 때문에 그의 실험에 대한 가치는 줄어들지 않았으며, 지금까지도 원시생명체의 탄생에 대한 증거로 여전히 채택되고 있다.

최근에는 남아프리카에 있는 약 31억 년 전의 캄브리아기의 암석에서 22종의 아미노산이 분리됨으로써 유기물의 생성으로부터 생명의 기원이 유래되었다는 가설에 대한 신빙성을 더욱 높여주고 있다. 또한 일본의 동경대를 비롯한 3개 대학

연구팀은 생명체의 기본물질인 아미노산이 지구상에 나타난 것은 이제까지 알려진 벼락 등의 방전(放電)현상에 의한 것이라기보다는 우주로부터 날아오는 방사선 즉, 우주선(宇宙線) 덕분이라는 새로운 학설을 제시하였다. 실험에 의하면 30~40억 년 전의 지구의 대기와 유사하게 일산화탄소, 이산화탄소, 질소, 수증기 등이 뒤섞인 실험장치 안에 우주선과 같은 분량의 양자입자를 쪼인 뒤에 성분변화를 분석하였더니 대표적인 아미노산인 글리신, 알라닌, 아스파라긴산 등이 생성된 결과를 확인하였던 것이다. 더구나 이러한 성분의 생성은 전기방전에 의한 것보다도 오히려 효과적이었다고 한다.

탄수화물, 지방, 아미노산이 무기물질로부터 직접 생성될 수 있는 자세한 화학반응은 오파린에 의해 이루어졌고 칼빈과 다른 사람들에 의해 보완되었다. 여러 가지 무기물질과 그로부터 연유된 유기물질들이 함께 어울린 바닷물에서 더욱 복잡한 유기물질들이 생성될 수 있었을 것이다. 이들 복잡한 구조의 유기물질들의 형성은 수소결합이나 다른 분자 간의 인력에 의해 더욱 촉진되었을 것이다. 이렇게 복잡한 콜로이드 모양의 분자들이 형성되기 위해서는 한곳으로 모여든 유기물질들이 재료물질을 차지하기 위한 경쟁을 시작하면서 자연선택의 원리가 작용하였을 것이라는 것이 오파린의 설명이다. 어떤 단백질 분자가 형성되고 반응을 촉진시키는 능력을 얻게 되면 다음 단계의 분자가 만들어지는 것은 더욱 빨라질 것이다. 이렇게 만들어진 복잡한 단백질 분자들이 핵산과 결합할 때에도 비슷한 분자들의 합성을 촉진하는 능력을 얻게 되었을 것이다. 최근에 『유전자의 분자생물학』(1987)에서 왓슨(J. Watson) 등은 "최초의 생명분자는 아마도 핵산일 것이고 핵산 중에서도 리보핵산인 RNA가 그 가능성이 크며 이어서 단백질이 만들어지고 데옥시리보핵산인 DNA가 생산되었을 것이다"라고 설명하고 있다. 그렇지만 핵산분자의 구성요소인 뉴클레오티드가 합성되는 것도 얼마나 어려운 일인지 많은 사람들이 또한 알고 있으므로 이것 역시 하나의 가설에 해당하는 것이다.

핵산과 단백질로 만들어진 입자가 어떠한 유전자의 특성을 가지게 되었다면 다음 단계로는 돌연변이를 비롯한 유전적인 특성을 갖추게 되었을 것이다. 이렇게 유전자들이 하나의 생명분자를 포함한 단위체를 만들었다면 이것을 오늘날의 바이러스 입자와도 비슷한 것으로 되었을 것이다. 그리고 초기 생명체의 형성에 중요한 것은 단백질과 지방으로 구성되는 막이 형성되었을 것이다. 이러한 최초의 생명체는 여러 가지 유기물질이 존재하는 바다에서 유기물질을 발효시켜 필요한 에너지를 얻었을 것이며, 유기분자들이 고갈되기 전에 종속영양 체계를 갖추었던 생명체는 진화하여 화학합성이나 광합성에 의해서 필요한 유기물을 스스로 만들어 이용하는 독립영양생물로 변화되었을 것이다. 이후부터 광합성 작용을 통하여 산소는 부산물로 만들어지고 이산화탄소는 생물들의 생활에 따라 만들어졌을 것이다.

● 생물의 진화과정

생명의 기원은 영원한 수수께끼이지만, 우리와 함께 살고 있는 모든 생명체의 모습으로부터 이들이 언제부터 어떻게 현재의 모습을 갖추게 되었는지 그 변화의 흔적을 찾고 있는 셈이다. 적어도 이러한 변화과정을 설명할 수 있는 과학적인 근거를 찾아 내려는 노력은 이제까지의 전통적인 생물학에서 새로운 방법과 기술을 더해 생명과학으로까지 발전시키는 데 도움을 주었다.

생물의 자연발생설에 대한 부정실험에 이어서 1862년에 파스퇴르(L. Pasteur)는 미생물도 어버이 없이는 생겨나지 않는다는 사실을 실험적으로 증명하여 이제까지의 자연발생설을 부정하고 생물속생설(Biogenesis)을 입증하였다. 이러한 주장은 이미 1859년에 다윈(C. Darwin)이 그의 저서 『종의 기원』에 진화론을 발표한 직후의 일이다. 『종의 기원』의 원래 제목은 『자연선택에 의한 종의 기원에 관하여(*On the origin of species by means of natural selection or the preservation of favoured race in the struggle for life*)』인데, 초판으로 찍은 1,250부가 첫날에 모두 매진되었다는 유명한 이야기는 그의 이론이 당대 사회에 커다란 반향을 불러일으켰음을 말해 준다.

생명이 어버이로부터 비롯되는 것이라면 생명의 기원을 무한히 거슬러 올라가면 시작이 없을 것이라는 모순을 깨닫게 된다. 닭이 먼저인가 달걀이 먼저인가라는 의문과 같이 세포의 구성물질인 DNA와 단백질과의 사이에서도 같은 의문이 떠오른다. 단백질은 DNA 없이 만들어질 수 없으며 DNA 역시 효소인 단백질이 없으면 만들어지지 못하기 때문이다. 이러한 모순의 해결방법으로 생물이 진화한다는 생각이 덧붙여지면서 생명은 언제인지는 모르지만 한번은 자연적으로 발생할 것이라는 생각이 떠오르게 되었다.

생명의 기원에 대한 오늘날의 생각은 유기물질로부터 생물까지 연속적인 단계를 거치며 진화가 이루어졌다는 것이다. 이러한 생각은 1928년에 홀덴(J. B. S. Holden)이 시사하고 1936년에 오파린(A. I. Oparin)이 그 체계를 확립하여 유물설로 발전시켰다. 그 요점을 살펴보면 무기물에서 유기물이 합성되고 이러한 유기물이 원시해양에서 처음으로 일정한 형태를 얻게 된 것이 코아세르베이트(coacervate)라는 설명이다. 이것은 이미 앞의 화학적 진화에서 설명되었다.

한편 발효에 의해 에너지를 얻는 원시적인 종속영양생물이 어떻게 독립영양생물로 진화해 왔는가에 대하여는 호로위츠(N. H. Horowitz)가 1945년에 가설을 내어놓았다. '생물체에서 유전자 돌연변이가 계속하여 일어났고, 복잡한 물질을 합성하는 데 필요한 효소를 얻게 되었다'는 것이 중심적인 설명이다. 최초의 생명체가 살아남기 위하여 ⓐ라는 물질이 필요하였다면 원시의 바다 속에는 ⓐ를 비롯하여 ⓑ, ⓒ, ⓓ의 물질들이 서로 섞여 있었을 것이다. 따라서 ⓐ 물질이 존재하는 동안에는 종속영양생물이 살아남지만 만약 그 생물이 ⓑ 물질로부터 ⓐ를 만들 수 있는 돌연변이가 나타나면 ⓐ 물질이 고갈되더라도 ⓑ 물질이 남아 있으면 그 생물은 살아남을 수 있다. 마찬가지로 ⓒ 물질로부터 ⓑ 물질을 얻는 데 필요한 효소를 만드는 돌연변이가 나타나면 ⓑ 물질이 사라지더라도 ⓒ 물질이 남아 있으므로 이 생물은 살아남는다. 그러다보면 이처럼 ⓐ라는 물질을 어느 특정한 무기물질로부터 만들어 생존할 수 있는 독립영양생물이 드디어 나타나게 된다는 것이다. 일단 단순한 독립영양생물이 탄생되면 박테리아, 곰팡이 식물, 동물 등의 다양한 종류의 생물로 진화하는 것은 보다 쉬웠을 것이라고 생각하였다. 그러나 60년대 이후에 발전된 생물화학 및 분자생물학적인 지식의 축적과 실험으로 원시생명체에서 핵산과 단백질의 중요성이나 생물세포의 복잡성 등이 알려지고 있지만 아직까지도 생명의 기원과 현상에 대해서는 해명되어야 할 여러 가지의 문제점들이 많이 남아 있다.

분자생물학에서 중심적으로 다루어지고 있는 중심명제(central dogma)는 DNA 속에 들어 있는 유전정보에 따라 전령 RNA(mRNA)가 만들어지고 이에 따라 단백질이 합성된다는 설명이다. 이러한 중심명제에 도전하는 것으로 단백질의 합성이 다른 경로를 통한다고 설명한 것이 폭스(S. W. Fox)에 의한 프로테노이드설이다. 그는 실험을 통해 단백질이 핵산보다도 먼저 생겼다는 주장을 하였으나 많은 과학자들의 지지를 얻지 못하였다.

닭과 달걀의 논쟁은 1980년대 초에 체흐(T. Cech)와 알트만(S. Altman)의 RNA에 대한 연구에서 실마리가 풀린 것으로 보였다. 단백질이 합성될 때에 보조역할을 하는 RNA 분자가 효소의 도움이 없이도 스스로 복제할 수 있다는 사실을 밝혀내었기 때문이다. 다시 말하자면 RNA 분자가 촉매적 특성을 가짐으로써 스스로 닭과 달걀의 역할을 모두 한 셈이다. 이러한 연구를 바탕으로 어떤 학자들은 최초의 유기체가 RNA로 구성되었을 것이라고 하지만, 원시지구의 조건에서 RNA가 합성되기에는 어려움이 많았다는 문제를 설명해야만 한다. 이들 두 사람은 RNA의 촉매적 특성을 발견한 공로로 1989년 노벨상을 받았다.

지금까지 생명의 기원에 대한 설명으로 광범위한 지지를 받고 있는 설명이 초주기(hypercycle) 이론이다. 초주기 이론이란 독일의 아이겐(M. Eigen)이 1971년에 내어놓은 가설로 '자기촉매로 작용하는 요소들이 닫힌 고리 안에서 서로서로 연결되어 있다'는 것이다. 예를 들자면 초주기에 들어 있는 RNA 분자는 제각기 자기증식을 위한 유전정보와 효소단백질을 생산할 수 있는 정보를 가진 채로 다음번의 RNA 분자를 형성하는 촉매로도 작용한다. 이러한 RNA 분자들이 모인 초주기는 정보운반체인 RNA 분자와 촉매능력을 가진 단백질 분자가 합쳐져서 자기증식이 가능한 폐쇄 고리(닫힌 고리)를 말한다. 폐쇄 고리인 초주기에는 출발점이 따로 있지 않으므로 닭과 달걀의 문제점을 해결하였다고 하더라도 생명체가 탄생할 수 있는 확률을 어떻게 설명해야 할지 여전히 문제점으로 남아 있다.

생물학의 발전에 맞추어 새롭게 알려진 생화학 · 분자생물학적인 방법과 기술을 바탕으로 더욱 활발히 진행되고 있는 새로운 연구와 실험을 통해서 인간 복제기술까지도 넘보게 되었다. 이러한 생물학적인 방법과 기술의 개발은 적어도 기계론적인 사고방식의 확장으로부터 비롯되었다는 의견도 제시되고 있다. 그리하여 사회학적인 측면에서 볼 때에 윤리 및 도덕을 중심으로 새로운 학문적인 질서가 정립되어야 한다는 의견이 나타나고 있다. 실제로 최근에 이르러 환경과 어울린 생물체들의 관계 사이에서 새로운 질서가 나타나고 있으며, 이러한 발전적인 생각은 사회생물학의 탄생으로까지 이어지고 있다.

현재로서는 생명의 기원에 대한 공감대가 있는 것은 아니다. 그것이 꼭 하나의 견해로 통일되어야 하는 문제가 아니기 때문이다. 과학이 아닌 다른 분야에서는 오래전부터 이 문제가 논의되었지만 이에 대한 해답은 역시 없었다. 생명의 기원이 되는 유기물질이 어디로부터 온 것인지에 대해서는 여전히 논란의 대상이 되고 있다. 그렇지만 많은 사람들은 밀러가 제시한 방법과 비슷한 방법으로 원시대기에서 유기물질이 만들어졌다는 것을 받아들이고 있다. 이것은 가설과 실험을 바탕으로 한 과학적인 설명이 되기 때문에 중요한 것이다. 생명에 관한 문제는 앞으로 언제인가 과학적인 영역 안에서 설득력 있게 설명될 수 있기를 바랄 뿐이다.

● 생물의 진화와 창조

지구에는 수백만 종에 달하는 생물들이 살고 있으며, 이들은 종마다 제각기 특수한 구조와 기능 및 생존에 필요한 적응형태를 갖추고 있다. 이러한 생물들의 생성과 기원에 대한 문제는 아직까지도 완전히 설명되지 않고 있는 수수께끼이다. 그러나 지금까지 앞에서 설명하고 있는 진화론에 의하면 모든 생물이 특수한 원시 환경 조건에서 무생물로부터 진화되었다고 한다. 그렇기에 진화론을 설명하기 위해서는 하등생물에서부터 보다 복잡한 생물로의 단계적인 발달을 보여 주는 화석들을 근거로 제시하여야 한다. 더군다나 오늘날 존재하는 생물의 종에서 다른 종으로 변해 가는 전이형태의 화석들도 제시하여야 한다. 그렇지만 창조론에서는 모든 우주, 만물과 생물 그리고 인간의 존재가 창조자에 의해서 만들어졌다고 생각한다. 그러므로 창조론을 입증하기 위해서는 하등동물의 생명체로부터 복잡한 생물체로 단계적인 진화를 거치지 않고 복잡한 형태의 생명체들이 한순간에 나타나야만 한다.

화석은 생물체가 오랜 동안의 광물화작용(mineralization)에 의해 돌로 굳어진 것이다. 지구에서 생겨난 최초의 원시생명체로부터 박테리아가 만들어져 이들이 증식하고 서로 뭉쳐서 스트로마토라이트(stromatolite)라는 화석으로 변한 것이 35억 년 전으로 이것이 호주 근해에서 발견되고 있다. 최초로 발견된 캄브리아기(Cambrian period) 지층에서 발견된 화석으로부터 조사된 화석생물들은 모두 고도로 발달된 복잡한 생명 형태를 가지고 있었다. 이에 따르면 단순한 생명 형태로부터 복잡한 생명체로의 점진적인 발달에 대한 증거를 찾을 수 없다. 진화론에 의하면 복잡한 생물체로 진화하기 위해서는 수십억 년이 소요된다고 한다. 다만 최근의 과학 잡지 사이언스(*Science*)에 실린 바로는 34억 년의 나이를 가진 조류화석이 발견되었다. 이것은 미생물화석의 일종으로 이미 이전에 발견되었던 미생물화석보다도 더 오래된 것으로 광합성을 할 수 있는 구조를 보여주므로 생물의 기원을 증명하는 데 큰 의미를 가지고 있다.

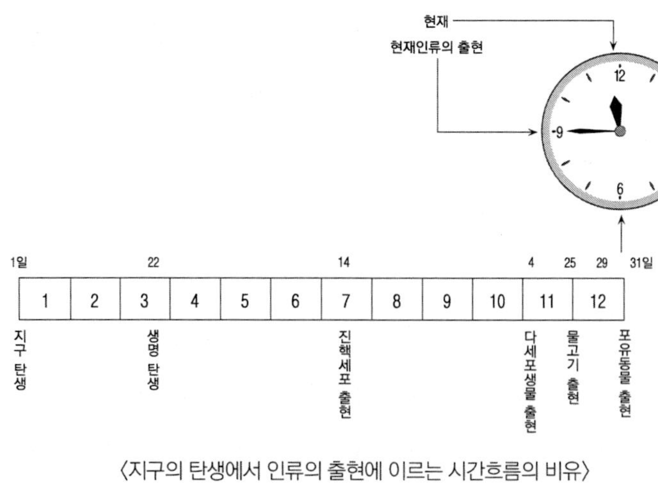

〈지구의 탄생에서 인류의 출현에 이르는 시간흐름의 비유〉

생명의 탄생을 지금까지 약 35억 년 전으로 보고 있으며 그것은 지구 역사를 일 년으로 잡아서 3월 20일경에 해당한다고 하였다. 진핵세포가 태어난 것은 21억 년 전이며 진핵세포가 모여서 다세포생물로 발전한 것은 7억 년 전에 일어난 중요한 사건이다. 이후에도 생물은 발전을 계속하여 식물의 탄생은 11월 26일경에 해당하고, 12월 15일 오전에 첫 번째 포유류가 나타났으며 인류는 마지막 날 11시 50분경에야 그 모습을 드러내었다고 볼 수 있다. 또한 전체 화석을 통하여 볼 때에 수많은 동물과 식물을 불문하고 모든 생물의 전이형태를 보여주는 중간종의 화석도 없다는 것이다. 따라서 복잡한 무척추동물, 어류, 양서류, 파충류, 조류, 유인원, 인간들이 모두 갑자기 나타났다는 것이다. 그러므로 아무런 선입관이 없이 생물의 화석기록을 살펴본다면 특별한 창조를 지지하는 증거라고도 생각할 수 있다.

최근에 이르러 매우 흥미 있는 진화의 흔적을 보이는 고래의 화석이 미국의 노스이스턴 오하이오 대학의 한스 서위선(Hans Thewissen) 교수팀과 미시건 대학의 필립 진저리치(Philip Gingerich) 교수팀에 의해 알려졌다. 고래는 이미 알려진 바와 같이 포유류이면서 물속에서 생활하므로 네발이 지느러미로 변하여 겨우 흔적만이 남아 있다. 따라서 학자들은 고래의 지느러미가 다리에서 유래하였을 것이라고 추정하였으나, 그 증거를 제시하지는 못하였다. 그러나 1994년도 서위선 교수팀과 진저리치 교수팀이 각각 파키스탄에서 발견한 '앰뷸로세투스(Ambulocetus)'와 '로도세투스(Rodhocetus)'의 두 개 화석은 고래가 육상의 네발동물에서 진화한 중간단계를 메워 주는 중요한 증거를 보여 주었다. 약 5천만 년 전에 주로 해변에서 살았던 엠뷸로세투스는 고래의 원조(元祖)로 이미 발견된 바 있는 5천5백만 년 전의 '메소니치드(Mesonichid)'와 비슷하면서도 두개골, 다리, 꼬리 등이 육지는 물론 물에서도 생활하기에 쉽도록 진화된 골격을 갖추고 있었음을 보여주고 있다. 또한 4천6백만 년 전으로 추정되는 로도세투스는 4천만 년 전으로 추정하는 지금과 같은 고래의 원조인 프로주글로돈(Prozeuglodon)과 더욱 닮은 모양을 갖추고 있다. 이러한 진화의 흔적에 대한 문제는 진화학자들이 앞으로 더 많은 증거를 찾아내고 또한 풀어가야 할 과제이다.

모든 생물이 진화한다면 과거에 진화가 있었듯이 현재에도 진화과정이 일어나고 있어야 할 것이다. 진화에 의한 표현형이 나타나기에는 오랜 세월이 필요하므로 쉽게 찾아 볼 수 없다고 생각할 수도 있다. 다윈은 자연도태의 예로 기린의 경우를 인용하였다. 낮은 곳에서 따 먹을 나뭇잎이 없어짐에 따라 높은 곳의 먹이를 먹도록 목이 길어졌으며 여러 세대를 거치는 동안에 긴 목을 가진 기린으로 진화했다는 설명이다. 그러나 목이 짧은 기린이 존재했다는 화석상의 증거나 다른 증거는 찾을 수 없다.

기린의 목이 길어진 이유를 짝짓기와 연관지어 설명하는 이도 있다. 기린의 수컷들이 다툴 때에는 그들의 긴 목을 휘둘러 때리는 방법을 이용한다. 길이가 2m에 이르고 무게도 80kg이 넘는 육중한 목을 한 번 뒤로 제친 다음 휘둘러 상대를 때리면 그 충격은 뼈가 깨질 정도이다. 따라서 이러한 싸움에 이기는 것은 길고도 굵은 목을 가진 기린이라는 사실로부터 기린의 목이 길어진 것은 먹이확보 때문이 아니라 짝짓기 때문이라는 것이다. 나미비아의 행동생태학자인 로버트 시몬스 박사는 이 가설을 증명하기 위하여 기린의 화석을 현대의 기린과 비교했다. 고대 기린의 다리는 현대 기린의 80% 정도이지만 목은 이보다도 훨씬 짧았다는 결과를 찾았다.

그러나 현재까지 알려진 과학적인 지식으로는 목을 늘이거나 다른 육체적인 운동에 의해서 목이 길어지는 것이 아니라 부모의 유전물질인 DNA에 의해서 결정된다고 한다. 그러나 이와 같은 사실을 다윈의 시대에는 알지 못하였다. 현재에 이르러 생화학 · 분자생물학적인 지식이 많이 축적되었기에 유전학을 비롯한 생명의 기원문제에서도 새로운 실험을 통해 얻은 결과를 진화의 증거로 이용하려는 노력이 시도되고 있다. 생물의 구조적인 면을 살펴 볼 때 핵산의 이용성과 단백질 합성 정보와 같은 유전물질의 설계 등에서 공통적으로 이용하는 설계구조는 생물이 가지고 있는 하나의 독특한 성질이다. 이러한 특징은 처음부터 의도적으로 계획된 것이라고 볼 수도 있고 동시에 한 조상으로부터 진화한 것이라고 생각할 수도 있다.

생명론(生命論)의 변화

'생명이란 무엇인가?'라는 생물학에서의 기본적인 명제에 대한 해답은 생명의 기원에 대한 문제와 함께 아직까지도 완전히 설명되고 있지 않다. 생명의 신비를 인간에게 초점을 맞추어 생각하는 바를 철학적으로 설명한 것을 생명철학이라고 부른다. 아주 오래전 그리스 시대의 자연철학을 비롯하여 고대 동양사상에서부터 생명이란 문제에 대하여 많은 가설들이 제시되어 왔다. 아낙사고라스(Anaxagoras), 엠페도클레스(Empedocles), 장자(莊子) 등에 의하여 자연철학적인 공상론이 이미 오래전부터 이야기되고 있었다. 그러나 생명현상은 물질현상 이상의 것이라는 생각이 옛날부터 일반적인 설명으로 알려져 왔다. '생물은 물질을 소재로 하고 거기에 영혼이 결부된 것이 생명이다'라는 아리스토텔레스(Aristoteles)의 영혼론(靈魂論)에는 생명에 철학적인 형식이 부여되어 있는데, 그는 모든 생물을 식물적 영혼, 동물적 영혼, 그리고 인간적 영혼의 3단계로 구분하였다. 근세 이후에도 생명론에는 여러 가지 사상적인 형식이 가미된 영혼론들이 제창되었는데, 이들은 모두 초자연적인 힘에 의해서 생명이 영위된다고 하는 것으로 이른바 생기론(生氣論)이라고 불리고 있다.

근세에 이르러 물리학, 화학 분야에서 새로운 법칙과 원리들이 발견됨으로써 물리화학적인 설명으로 생명을 이해할 수 있다는 주장이 나오게 되었다. 물질현상에 의해서 생명현상이 설명될 수 있다는 것이 기계론(機械論)이라고 불리며, 17세기 데카르트(R. Decartes)에 의해서 처음으로 주장되었다. 데카르트는 정신과 물질을 분리하여 육체를 단지 물질로서 연구할 수 있는 문을 열게 하였으며, 더 나아가 물질은 생물과 무생물로 분류되게 하고 이 가운데 무생물을 연구하는 학문으로서 물리학이 크게 발전할 수 있게 하였다. 또한 근세 이후로 생물학의 발달로 생명현상이 한두 가지씩 물질적으로 해명되기 시작하면서 생물학자들 사이에 기계론이 널리 알려지게 되었다. 그리고 라메트리(J. O. LaMettrie)에 의해서 기계설이 더욱 발전되었다. 이러한 물질기계론 가운데 의학자인 하비(W. Harvey)는 심장이 펌프와 같이 기계적인 활동을 한다는 것을 밝히면서 종래의 생기론을 바탕으로 이루어지는 기계론적인 생각을 제시하였고 이러한 생각은 19세기까지 일반적으로 통용되었다.

과학적 연구 방법 가운데 환원주의에 근거하는 방법이 있다. 이러한 연구방법은 예를 들자면 시계를 분해하여 그것이 어떻게 움직이는지 보는 것과도 같은 연구방법이다. 그렇지만 이러한 연구 방법은 생물체를 중심으로 하는 복잡한 체제 안에서는 크게 도움이 되지는 않는다. 왜냐하면 생물체 안에서 이루어지고 있는 대부분의 작용과 반응이 미리 계획되었거나 지시받는 대로 이루어지는 것이 아니기 때문이다. 또한 생물의 생명현상을 이루는 요소들이 자연발생적인 상호작용으로부터 일어나는 것처럼 보인다. 그래서 생물체 안에서 이루어지는 여러 가지 행동을 "자기 조직적"이라고 부르기도 한다. 생물은 스스로는 물론이고 환경 안에 들어 있는 여러 조건들과 맞추려는 적응과정을 거치며 함께 살아가려는 균형을 매우 중요하게 여긴다는 것을 우리는 생각해야 한다.

생명현상을 제대로 파악하기 위해서는 생물체가 나타내는 생명현상을 완전히 물질현상만으로 설명할 수 있는지, 아니면 그 이상의 알 수 없는 어떠한 특별한 원리가 적용되어야 하는지의 여부를 먼저 가려보아야 할 것이다. 복잡하게 어울리는 생명현상이 어느 하나로 간단히 설명되는 것은 아니더라도 적어도 몇 가지의 설명으로 요약하기 위해서라도 기본적인 현상을 분석해 보아야 한다.

20세기에 들어서면서 홀데인(J. B. S. Holdane) 등은 전체론(holism)을 주장하였는데, '생물체는 단순한 물질의 집합체일 뿐만 아니라 전체로서의 새롭게 통일된 기능을 갖게 된다'는 것이 주장의 요체라 할 수 있겠다. 이렇게 홀데인이 주장한 바와 같이 생물개체와 그 환경을 하나로 묶어서 생각해야 한다는 종합적인 의미에서의 전체론(全體論)도 알려지고 있다. 이러한 전체론에는 정도의 차이는 있으나 생기론적인 요소가 많이 풍기고 있다는 것은 사실이다. 또한 베르탈란피(L. Bertlanffy) 등은 생체론을 제창하였는데 이것은 물질기계론에 대해서 생명현상의 특징을 고쳐보는 새로운 생기론이라고 할 수 있다. 그리고 드리슈(H. Driesch)는 전체성의 원리를 도입하여 신생기론(新生氣論)을 제창함으로써 근래에 이르러 활발한 논쟁을 불러일으킨 생명전체론(生命全體論)이 발전하는 전기를 마련하였다. 전체성의 원리는 전체에 있어서 부분의 법칙으로 환원되지 않는다는 것이다. 한편 변증법적인 유물론의 입장에서 보는 생명론은 원래부터 기계론에 속하는 것이지만, 생명현상의 단계적인 구조를 강조한다는 점에서는 적어도 전체론과 닮은 점이 없지는 않다. 위너(N. Wiener)에 의한 사이버네틱스(cybernetics)에 의하면 생명현상의 해명에 이용되는 뇌를 컴퓨터에 비유하는 것과 같은 생각은 생물체를 복잡한 자동기계로 이해하려는 데카르트의 기계론적인 생각을 강화한 것이라고 볼 수 있다.

지금까지도 유전현상을 비롯하여 발생, 분화, 면역, 적응, 공생 등의 복잡한 생명현상이 조금씩 밝혀지고 있지만, 생명의 본질에 대해서는 아직도 불분명한 점이 많이 남아 있다. 생명현상에 대한 분석적인 연구와 함께 종합적인 방면으로의 연구도 진행되면서 생명에 대한 지식이 쌓이면 앞으로 생명에 대한 관점도 조금씩 변화될 것이다. 어쨌거나 생명을 둘러싸고 있는 신비가 베일을 벗게 될 때에는 생명이 새롭게 정의될 것이고 이러한 작업은 분명히 생명과학자들만의 문제가 아니라 철학자들의 몫으로 설명되어야 할 것이다.

자연과학과 인문 · 사회과학이 전혀 다른 것만도 아니기에 생각하기에 따라서는 그 근본이 하나에서 출발한다고 볼 수 있다. 같은 정신과학에 속하는 철학과 신학이 한 그릇에 담길 가능성은 비교적 높은 편이라 생각한다. 그래서 아마도 과학과 종교도 언젠가는 하나로 합쳐져 한 그릇에 담길 수 있을 것이라고 생각하는 것은 결코 허망하지 않다. 이미 모든 학문은 그러한 방향으로 조금씩 나아가고 있기 때문이다.

II. 생물의 특성과 신비

● 살았나? 죽었나?

생물과 무생물의 차이를 알아보기 위해서는 이들이 어떠한 물질로 구성되어 있는가를 조사해 보는 것이 비교적 쉬운 접근방법 가운데 하나이다. 많은 사람들은 이러한 방법을 아마도 가장 과학적인 방법이라고 생각하는데, 이것은 물질의 기본적인 성질을 밝혀내려는 물리학이나 화학적인 연구 분야에서 널리 쓰이는 분석방법과 통하고 있기 때문이다. 생물체를 구성하는 기본 단위인 세포를 뛰어넘어 물질을 이루고 있는 분자 수준에까지 이르도록 생물체의 구성 물질을 분석해 보아도 생물 분자만이 가지고 있는 독특한 원소를 찾을 수는 없다. 모든 생물체 안에서는 거대한 생물 분자들인 탄수화물, 지질, 단백질 그리고 핵산 분자들이 생물적인 특성을 갖추고 커다란 생물 분자로서의 기능을 발휘하고 있음을 알게 된다. 이러한 생물 분자들이 서로 어울려 작용함으로써 어느 정도 생명체로서의 기능을 보이는 것이 생물체에서의 일반적인 특징이다.

생물과 무생물의 중간에 해당하는 바이러스 입자는 핵산과 단백질 분자로 구성되어 있다. 일반적인 바이러스 입자는 보통의 단백질 분자보다도 1,000배 정도나 크지만 이들은 전자현미경을 통해서만 형태를 관찰할 수 있는 크기이다. 일부 학자들은 바이러스를 가장 초보적인 생물체로 간주하기도 하지만, 자세히 살펴보면 반드시 그렇다고만은 할 수 없는 점이 드러난다. 생명체들이 나타내는 여러 가지 현상으로는 영양분의 섭취와 대사, 생장과 분화, 자극반응과 운동 그리고 증식과 유전 등의 특징을 꼽을 수 있다. 그렇지만 바이러스는 일단 자신의 모습을 갖춘 다음에는 더 이상 커지지도 않고 먹이를 먹지도 않으며 대사 작용을 하거나 운동을 하지도 않는다. 다시 말하자면 바이러스는 시간이 지나도 본래의 모습을 그대로 유지한 채 늙지도 않는 셈이다. 그러므로 바이러스를 일컬어 생물적인 특징을 골고루 갖춘 완전한 생물체라고 말하기는 어렵다. 다만 이들이 생명활동을 하고 있다고 말할 수 있는 것은 자신과 같은 자손을 만들어 증식하기 때문이다. 증식하는 방법도 다른 생물들처럼 자기의 몸을 나누거나 또는 씨나 알을 만들어 내어 자라나면서 어버이와 같은 모습을 갖추는 것이 아니다. 바이러스는 증식하기 위해서 다른 생물체의 세포 안에 들어가서 자기 몸을 해체한 뒤에 많은 수의 바이러스 입자들이 어버이와 같은 모습으로 만들어져 나온다. 이렇게 바이러스 입자들이 보여 주는 여러 가지의 특징을 종합해 본다면 생물적인 특성보다도 오히려 무생물적인 요소가 더 많다고도 할 수 있다. 그러나 아주 없는 것보다는 적은 양이더라도 있는 것은 분명히 있는 것이므로, 바이러스가 증식한다는 점은 생물로 구분할 수 있는 기준으로서 대단히 중요한 의미를 가지고 있다.

바이러스 입자가 해체되고 재조립되더라도 아무런 손상을 받지 않고 예전과 같은 감염능력을 가진다는 것은 바이러스가 무생물적이라는 또 다른 증거이기도 하다. 바이러스의 겉모습을 만들어내는 외피단백질과 유전자로서의 기능을 갖춘 핵산 분자로 구성된 담배 모자이크 바이러스(tobacco mosaic virus, TMV) 입자는 적당한 실험 조건에서 RNA 분자와 단백질 분자로 분리될 수 있다. 이렇게 분리된 단백질 분자는 전혀 활성을 나타내지 못하고 핵산 분자의 활성은 다소 떨어지기는 하지만 활성이 완전히 없어지지는 않는다. 그러나 이들 두 종류의 분자를 시험관 안에서 재결합시키면 다시 원래의 모습으로 합쳐지고, 이것은 또한 원래의 것과 같은 정도의 활성을 나타내는 것을 실험적으로 확인할 수 있다. 이와 같이 바이러스 입자는 외부에서 기계처럼 조립될 수 있다는 것을 보여 준다. 이러한 성질은 바이러스 입자의 구조가 물리적 · 화학적인 결합 방법에 따라 구조를 결정하는 것이라는 설명을 뒷받침해 주는 것이다.

바이러스 입자의 구조가 물리적 · 화학적인 법칙에 따라 이루어진다고 하더라도 대사 작용을 못 하고 생장하지도 못하며 원래의 모습을 그대로 갖추고 있다. 그러나 생물체는 알이나 씨로부터 점점 커지는 생장의 특성을 보이는데, 생물의 성장이 물리적이나 화학적인 법칙만으로는 결코 설명될 수 없다는 것은 이미 잘 알려져 있다. 그것은 모든 생물의 특성이 구조적인 것보다는 기능을 중심으로 하는 생물적인 활성이 더욱 중요하기 때문이라고 생각할 수 있다. 그리고 생물의 기능은 움직임으로 대표되는 행동으로 나타난다. 생물은 움직이면서 자신을 변화시킬 수 있으며, 자발적인 의사에 따라 행동하거나 행동하지 않을 수도 있다는 점이 중요하다.

생물이 자신을 파괴시키지 않고 자신과 같은 몸을 가진 자손을 만들어 내는 것을 우리는 생식 또는 증식이라고 한다. 또한 생물은 자신의 특징적인 모습을 유지하면서 성장할 수도 있다. 그러나 바이러스 입자는 스스로 성장하지 못하고 본래의 모습을 그대로 유지하고, 증식 과정에서도 자신의 몸을 해체시키고 나서야 비로소 원래의 모습과 똑같은 바이러스 입자들을 생산해 내는 것이다. 이렇게 바이러스 입자는 생물과 무생물적인 특징을 함께 갖추고 있으므로 어느 한쪽에 자기의 자리를 마련하지 못하고, 생물과 무생물의 중간체로서 '살아 있는 유전물질'이라 불리고 있다.

● 동물과 식물 그리고 미생물의 구분

생물의 종류는 얼마나 될까? 그리스의 고대 자연철학자들이 생각하였던 생물의 종류는 200여 종에서 500여 종 정도였다. 그러나 르네상스(Renaissance) 시기를 지나고 자연과학이 점차 발전되면서 린네(C. von Linne)에 의하여 1735년에 속 이름과 종 이름을 함께 쓰는 이명법(二名法)이 제창되었다. 그는 모든 생물체의 종류를 5,000여 종까지 헤아리면서 이들을 체계적으로 구분하는 방법을 제시하였다. 이후 생물학의 발전에 따라서 생물종은 더욱 다양하다는 사실이 알려지게 되었다. 오늘날 지구 위에 살고 있는 생물은 약 200만 종에 이르는데, 이들 가운데 동물이 120만 종, 식물이 60만 종에 이른다고 추정한다. 그러나 지구상의 생물이 300만 종에 이른다고 주장하는 학자들도 있다.

옛날 사람들이 자연을 보는 눈으로 생명의 존엄성을 중심으로 생물들을 비교하였을 때 무생물로부터 생물을 거쳐서 사람을 맨 위에 자리매김하였다. 생물 가운데에서도 동물이 움직인다는 성질을 보다 높게 평가하여 식물보다도 위에 자리매김함으로써 무생물 → 식물 → 동물 → 사람의 순서로 그 가치를 낮은 것에서부터 높은 것으로 평가하였다.

자연과학의 일부로 생물학이 발달하였고 이와 더불어 17세기에 현미경이 발명

되면서 눈에 보이지 않는 미생물의 존재가 사람들에게 알려졌다. 그러나 미생물의 발견 이후에도 미생물학의 발전은 이루어지지 않다가 19세기에 들어서야 비로소 크게 발전하였다. 미생물학은 이와 같이 생물학의 발달과 더불어 새로운 면을 맞이하게 되었고 또한 미생물의 종류가 많아지면서 분류의 필요성이 드러났다. 처음 미생물이 알려질 때에는 현미경 아래에서 바삐 움직인다는 사실에 비중을 크게 두어 가장 작은 동물이라는 생각으로 식물과 동물의 중간에 위치하게 하였다. 그러다가 점차 미생물의 종류가 많아지면서 여러 가지 분류상의 문제점이 나타나게 되었다. 유글레나(euglena)와 같은 미생물은 동물과 식물의 특징을 고루 갖추고 있으므로 분류하기에 어려운 점이 있다. 19세기 후반에 이루어진 생물학의 발전에 힘입어 생물의 기본적인 구성단위인 세포에 관한 새로운 지식이 알려졌고, 세포를 구성하는 여러 가지 소기관에 대한 많은 지식이 쌓이게 되었다. 특히 세포의 구조를 관찰할 수 있는 현미경과 전자현미경의 발달에 힘입어 생물체의 분류도 더욱 새로운 방향으로 이루어지게 되었다. 이러한 여러 가지 생물학적인 발전을 계기로 세포의 핵이 막으로 둘러싸인 형태를 가지는가 아닌가를 보고서 원핵생물과 진핵생물로 나눌 수 있다는 의견이 제시되었고, 이 방법이 확립되면서 생물의 분류는 원핵생물(prokaryote)과 진핵생물(eukaryote)의 두 종류로 크게 구분될 수 있었다. 지금도 생물체의 생물학적인 분류체계는 세균으로 대표되는 원핵생물과 진균으로부터 원생생물 그리고 식물과 동물에 이르는 많은 종류의 생물들이 진핵생물이라는 두 개의 큰 영역으로 분류되고 있다.

수없이 많은 종류의 생물들을 그래도 쉽게 나누는 방법으로는 눈으로 볼 수 있는 생물과 눈으로는 볼 수 없는 미생물로 크게 구분한다. 생물은 다시 움직이는 동물과 움직이지 못하는 식물로 나누는 방법이 아직까지도 사람들에게 널리 알려져 있다. 이러한 생물의 구분 방법 가운데 사람은 동물과는 크게 다른 점이 있으므로 서로를 독립시켜 구분하는 것이 또한 일반적이다. 동물과 사람의 서로 다른 특징을 살펴보고 이들의 차이를 구분한다면 다음과 같이 생각할 수 있다. 동물의 경우에서는 감각과 인식을 바탕으로 하는 본능적인 행동을 생명현상이라고 본다면, 사람의 경우에서는 사고력을 중심으로 하는 지각능력을 갖추고 있으며 이것이 정신(精神)으로 드러나는 것이라고 생각할 수 있다.

생물을 구분하는 여러 가지 특징들 가운데 움직임이라는 큰 기능이 행동이라는 형태로 나타나게 되면서 서로의 차이를 구별하는 기준으로 이용되기도 한다. 생물에서의 이러한 움직임에 대한 원리는 지금까지 밝혀진 바에 의하면 신경을 통한 자극의 전달이 뇌에 이르게 되고 이는 다시 뇌의 작용이 행동으로 옮겨지는데, 사람에게서는 이러한 뇌의 작용이 더욱 발전하여 정신이라는 면으로 나타나게 된다고 간단히 요약할 수 있다. 단순한 동물의 행동으로부터 더 나아가 사람의 행동은 정신적인 분야로까지 이어지게 되므로 이러한 행동에 대한 근본적인 이해는 그리 간단하지만은 않다.

과학이 점점 발전하면서 이제까지 사람들이 알지 못하던 분야에서도 조금씩 신비로움이 벗겨지면서 새로운 과학적인 사실로 알려지고 이에 대한 새로운 평가가 내려지고 있다. 감각이라는 것도 생물체에서 이루어지는 하나의 생명현상이라는 막연한 설명이 아니라 과학적인 근거를 바탕으로 좀 더 구체적인 설명이 가능하다. 생물체 안에서 이루어지고 있는 지각현상, 즉 감각의 인식을 과학적으로 조사하고 분석하여 볼 때에 우리는 지금까지 생물에서 찾아낸 감지능력이라는 것은 전기적인 전하의 차이가 전해진다는 것과 화학물질을 방출하여 전달된다는 사실로부터 자극이 전달된다는 것을 알 수 있게 되었다. 즉 생물체에서 자극의 전달은 기계적, 전기적, 화학적인 전환이 수시로 일어나면서 그러한 기작의 결과를 효과적으로 감지하여 외부세계에서 일어나는 것을 감지하게 되는 것이다.

감각이라는 의식은 분명히 동물의 세계에도 존재하지만, 사람에서는 의식의 존재가 더욱 발전하여 감정을 건너뛰어 정서의 단계를 나타내는 정신세계로까지 나아가게 한다. 이러한 점이 바로 사람은 다른 동물들보다도 더욱 발전되었고 우월하다는 의식을 심어준 계기가 되었다. 물론 사람이 다른 동물들과 다르게 발전한 것은 무엇보다도 불과 도구 및 언어를 사용할 수 있었다는 근본적인 차이로부터 비롯한 문화적인 발전을 꼽을 수 있다. 따라서 모든 생물을 분류할 때 사람의 위치는 동물 분류체계의 일부로 포함되기도 하고, 또는 독립적으로 취급되기도 하며, 경우에 따라서는 아예 언급하지 않기도 한다.

이제까지 일반적인 구별방법으로만 생각하였던 생물체와 생명현상에 대해서도 과학적인 실험결과를 근거로 더욱 자세한 연구가 이루어지고 있으며 이를 토대로 생물 간의 새로운 구별방법이 확립되어가고 있다. 생물의 생김새로부터 움직임의 원리 그리고 이들이 느끼고 행동하는 감각에서 정서까지의 모든 현상을 종합적으로 엮어서 서로의 관계를 비교해 봄으로써 생물의 특성과 신비를 분석하고 생각해 보는 방법이 시도되고 있다.

동물과 식물의 차이점

동물과 식물의 차이는 어떻게 구분되는 것인가? 가장 일반적인 구분방법은 이들의 생긴 모습을 보는 것이다. 동물은 장소를 바꾸어 움직일 수 있는 다리나 날개를 가진 반면에 식물은 흙 속에 뿌리를 박고 한 장소에서 줄기와 잎을 만들어 생활하는 것이다. 식물을 뜻하는 영어 단어인 'plant'는 '한 장소에 고정되어 있다'라는 의미이고, 동물을 뜻하는 'animal'은 '영혼'이라는 의미로부터 비롯하였다. 그러나 이렇게 겉으로 드러나는 형태만 가지고 동물과 식물을 완전히 구분할 수 있는 것은 아니다. 생선회처럼 먹을 수 있는 멍게(우렁쉥이)가 바로 그런 경우에 해당한다. 옛날에 있었던 우스갯소리이지만, 아이들이 군것질로 멍게를 사먹다가 이것이 동물인가 식물인가에 대한 의문이 생겼다. 이야기 끝에 서로의 주장이 팽팽히 맞서서 쉽게 결론을 이끌어내지 못하였다. 이때 대화를 듣고 있던 멍게장사는 "이봐, 학생들! 이 멍게는 오늘 아침 바다에 들어가 내가 직접 캐온 것이야. 여기 이렇게 뿌리가 있는데 동물은 무슨 동물이야?"라고 참견하였다는 이야기도 있다. 특히 바다 속에 사는 산호는 생긴 모양만 보고서 많은 사람들이 식물로 잘못 알고 있는 경우가 종종 있다. 이렇게 동물과 식물은 독특한 모양을 갖고 있기에 쉽게 구분할 수 있지만 경우에 따라서는 전혀 다른 모습을 보이므로 혼란스럽게 만들 때도 있다.

생물의 세계에서는 영양과 먹이의 확보라는 문제가 가장 근본적인 것이라 할 수 있다. 따라서 생물의 행동을 눈여겨보면 먹이를 확보하기 위한 행동이 거의 대부분을 차지한다고 하여도 과언이 아니다. 모든 생물은 광합성 작용으로 필요한 영양분을 스스로 만드는 자가영양 생물과, 자기 스스로는 영양분을 만들지 못하므로 다른 개체가 만들어 놓은 영양분을 이용하거나 다른 개체로부터 얻어서 이용하는 타가영양 생물의 두 종류로 크게 나누어볼 수 있다. 이러한 먹이획득 방법으로부터 동물과 식물의 구별이 생기기도 하였다. 또한 이와 반대로 동물과 식물이 다르게 발전하였으므로 발전에 맞추어 먹이의 획득 방법도 달라졌다고 말할 수도 있다. 어쨌거나 동물과 식물 간의 커다란 차이점 중 하나가 바로 먹이를 어떻게 구하느냐 하는 방법인 셈이다.

식물은 한자리에 뿌리를 박고 살면서 흙으로부터 물을 빨아들이고, 이를 줄기를 거쳐 잎으로 올려 보낸다. 잎에는 엽록소(chlorophyll)가 많이 있어서 뿌리로부터 올려진 물과 공기 중의 이산화탄소를 재료로 햇빛 에너지를 받아 광합성작용으로 탄수화물을 생산함으로써 필요한 영양분을 만들어 낸다. 이렇게 스스로 필요한 영양분을 만드는 것을 자가영양체라 부르고, 다른 생물이 만들어 놓은 영양분을 이용하는 것을 타가영양체라 부른다. 동물은 식물이 광합성작용으로 만들어 놓은 영양분을 이용하는 1차 소비자인 초식동물과 초식동물을 비롯한 작은 동물들을 잡아먹고 사는 육식동물로 구분한다. 물론 먹이의 종류에 따라 초식성, 육식성, 잡식성 동물로 구분하는 방법도 널리 쓰이고 있다. 동물과 식물과는 달리 미생물은 동물과 식물을 비롯한 모든 생물체를 분해함으로써 필요한 영양분과 에너지를 얻고 있다. 그러므로 미생물을 한마디로 규정한다면 '분해자(decomposer)'라고 부를 수 있다. 동물과 식물에서 서로 다른 먹이 확보의 방법이 행동으로 나타나고 그러한 행동의 차이가 동물과 식물을 구분하는 기준으로 이용되고 더 나아가 미생물까지도 구분하는 기준으로 쓰이고 있다.

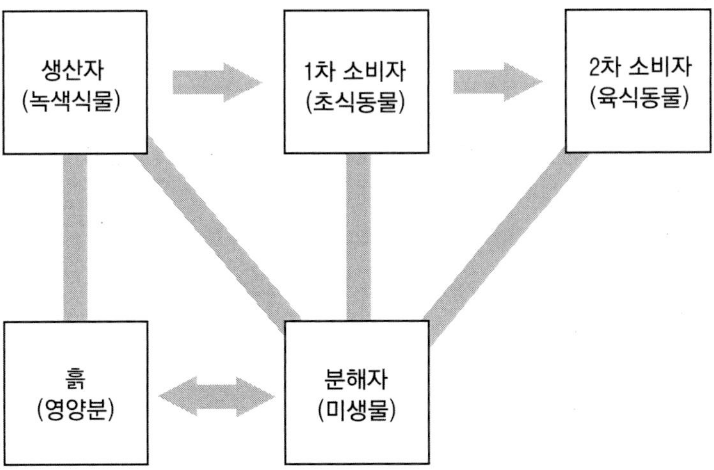

〈먹이와 영양분을 중심으로 살펴본 생물의 상호관계〉

'동물과 식물이 언제부터 분리되었는가?'에 대해서는 여러 가지 의견이 있다. 지구상에 생명체가 나타나고 진화를 거듭하다가 진핵단세포의 시대에 이르러 원시동물과 원시식물로 분화되었을 것이라고 추측할 수 있다. 현재 생존해 있는 생물체의 유전자를 분석해 보면 DNA의 양은 진화를 거듭할수록 많아지는데 동물에서의 DNA 양이 일반적으로 식물보다도 많은 편이다. 즉 고등식물에서의 DNA의 양은 포유류의 DNA 양에 비해서 1/2 정도에 불과하다. 그러나 재미있는 사실은 유전자 가운데 이용하는 양의 비율은 고등동물일수록 낮다는 것이다. 고등동물의 유전자 DNA 가운데에는 반복되는 염기부분(repeated sequence)이 의외로 많은데 이들이 어디에 어떻게 이용되는지 정확한 쓰임새는 아직까지도 밝혀지지 않고 있다. 고등동물에서의 이러한 반복부분은 고등동물일수록 많아져서 사람의 경우에서 보더라도 80% 이상을 점하고 있다.

식물에 비해서 동물이 우월하다고 할 수 있는 것은 다음과 같은 성질을 가지기 때문이다. 먼저 동물은 지각력을 자신의 몸 안에 지니고 있다. 이러한 지각력은 특정한 물질이 아니므로 넣어 주거나 또는 빼낼 수도 없는 것이다. 다음으로 의식적인 방법으로 자신을 통제하는 능력을 갖는다는 점이다. 의식의 통제력은 단순히 감각을 인식하는 것만이 아니라 모든 감각을 종합하고 조화시켜서 자기 스스로 조절할 수 있는 능력까지 갖추는 것을 의미한다. 이렇게 동물이 지니고 있는 독특한 지각 능력은 식물이 지닌 감각능력보다도 분명히 우수하다고 여겨진다. 식물이 무생물과는 달리 어느 정도 자기 조절 능력이 있기는 하지만 식물이 보여 주는 생명현상은 물질의 성질과 변화에 따른 물리학과 화학으로 어느 정도의 설명이 가능하다. 그렇지만 동물이 나타내는 지각능력과 의식의 통제력은 물리학과 화학만으로 모두를 설명할 수 없는 점이 있다. 이것이 동물과 식물의 커다란 차이점이기도 하다.

동물의 지각능력은 모든 종에서 똑같지 않고 종마다 서로 다른 차이를 보이고 있다. 아마도 동물에서뿐만 아니라 식물을 비롯한 모든 생물들이 나타내는 나름대로의 독특한 성질들이 종으로서의 고유성을 나타내는 하나의 이유라고 생각한다. 모든 생물들은 이와 같이 종으로서의 고유성을 가지면서도 같은 무리에 속하는 종들은 어느 정도 비슷한 성질을 나타내기도 한다. 그러므로 모든 종들이 가진 고유성과 같은 무리들이 보여 주는 유사성에 따라 동물과 식물에서 생물로서의 공통점과 서로 다른 차이점을 설명할 수도 있다.

● 초식동물에 대한 식물의 반응

'식물이 움직인다'는 생각은 선뜻 이해하기 어렵다. 그러나 몇 가지 예를 보면 동물처럼 장소를 이동하는 것은 아니더라도 분명히 자극에 반응하면서 살아가는 모습을 살펴볼 수 있다. 신경초라고도 불리는 미모사의 잎은 바람이 불거나 외부로부터의 자극을 받으면 움츠러드는 반응을 보인다. 이러한 자극반응은 식물 생리학자들에게 좋은 연구 자료를 제공하였고 자극의 전달이 전기적인 전하의 차이에 의해 이루어진다는 사실을 밝히는 계기가 되었다. 또한 끈끈이주걱과 같은 식충식물이 벌레를 유인하여 안으로 들어오면 스스로 움츠러들어 붙잡힌 곤충을 먹이로 이용하는 현상은 우리 눈으로도 확인할 수 있는 모습이다.

식물은 포식자의 공격으로부터 도망칠 수 없으므로 이들에 대항하는 여러 가지 놀라운 방법을 개발하였다. 어떤 식물은 나쁜 냄새를 뿜어내거나 나쁜 맛을 내거나 심지어는 독을 만들어 내기도 한다. 다른 식물은 바깥에 가시가 있거나 잎에 소화되지 않는 성분을 포함하기도 한다. 곤충이 공격하면 식물은 포식을 멈추게 하거나 심지어는 죽이기까지 하는 화학물질을 만든다. 또는 곤충의 성장 호르몬과 유사한 물질을 만들어 곤충의 성장을 방해하는데, 이러한 성장 저해는 불임으로까지 이어져 곤충의 집단 크기를 조절하기도 한다.

눈으로는 확인하기 어렵지만 곤충이 식물체의 잎을 갉아먹을 때마다 곤충이 먹은 만큼 식물이 새로 자라는 데 도움이 되는 어떠한 물질을 분비한다는 사실을 알 수 있다. 이러한 현상에 관한 연구는 환경학자나 진화학자뿐만 아니라 농부들에게도 매우 흥미로운 과제로 알려져 있는데, 이러한 현상은 식물의 성장과정에서 나타나는 특별한 생화학적인 반응으로 이해되고 있다.

동물의 공격에 대해서 식물이 보여 주는 반응은 두 가지 방면에서 관심을 끈다. 식물이 스스로를 보호하려는 반응 작용은 결과적으로 식물을 먹이로 하는 초식동물에게도 해가 될 수 있는 적극적인 반작용으로 나타나기도 한다. 만약에 토마토의 잎이 피해를 입으면 식물은 단백질 분해효소 억제제를 분비하고, 이것이 포식충의 소화기능을 흔들어 놓음으로써 더 이상 피해를 주는 행동을 못 하도록 만든다. 또한 나비목의 유충이 식물체를 가해하면 이들의 천적이 되는 말벌을 유인하는 화학물질을 분비하여 천적에 의해 유충이 제거되도록 유도하기도 한다. 이렇게 식물은 적극적으로 대항하는 독소물질을 분비함으로써 동물에 의한 포식을 피하는 방법으로 이용하기도 한다.

이에 비하여 또 다른 식물의 반응은 되먹임체계로 이어지는 소극적이거나 긍정적인 방향으로 일어나기도 한다. 예를 들자면 목초가 초식동물에게 뜯어 먹히면 스스로 변화하여 식물의 대사를 바꾸면서 자신의 생장을 촉진한다. 풀을 깎아주는 것도 염소나 소가 풀을 뜯어먹는 것과 같은 효과를 나타내기도 한다. 특히 들에서 염소나 소가 풀을 뜯으며 흘리는 침은 이러한 변화를 빠르게 진행시키는 효과를 가진다. 따라서 식물의 자발적인 변화는 초식동물에게 연속적으로 먹히는 피해로부터 결과적으로 벗어나는 효과를 보인다. 한편으로 식물이 일단 가해를 받으면 녹색부분에 저장된 탄수화물을 뿌리로 내려보내 피해를 줄인다는 사실을 과학자들이 찾아내기도 하였다.

식물이 보여주는 반응은 최근까지도 그 작용이 완전히 밝혀지지 않은 채 신비에 싸여 있는 경우가 많다. 따라서 이러한 대부분의 반응과정은 화학물질이나 전기적인 신호 아니면 물리적인 피해 또는 동물이 분비하는 침 등에 의한 영향으로 이루어진다고 생각하였다. 최근에 조지아(Georgia) 대학의 다이어(Melvin I. Dyer)와 그 동료들의 연구에 의하면 메뚜기의 한 종류로부터 얻어 낸 물질이 매우 흥미로운 결과를 보였다. 천 마리나 되는 *Romalea guttatas*(lubber grasshopper)라는 메뚜기의 중장(中腸) 추출액을 수수 싹에 처리하였더니 24시간 안에 수수의 생장이 촉진되었다는 것이다. 이러한 실험 결과를 보면 메뚜기가 식물을 가해할 때 곤충의 체액은 되새김하는 것처럼 먹이와 함께 뒤섞이면서 토해내어져 식물체에 전달되고, 식물은 이 영향으로 생장을 위한 긍정적인 반응을 하는 것이라고 설명할 수 있다. 물론 이러한 물질의 구조와 기능이 완전히 밝혀지지는 않았지만 척추동물의 침 속에 들어 있는 표피생장요소(epidermal growth factor, EGF)와 생화학적으로 비슷한 성질이 있다고 한다. 또한 그는 EGF가 식물과 포유류의 성장을 촉진한다고 말하고 있다.

어쨌거나 식물과 초식동물의 사이에서 이루어지고 있는 여러 가지의 사실에 대해서 여태까지 밝혀지지 않은 것이 많지만 이와 같은 연구들은 생태학적인 측면에서 우리에게 전해 주는 의미가 매우 크다. 식물은 한 장소에 뿌리를 박고 고정되어 있으므로 움직일 수 있는 초식성 동물이 가해할 때에는 전혀 대항하지 못한 채 일방적으로 당하기만 할 것이라고 생각하기 쉽다. 그러나 식물이 움직이지는 못하더라도 가해자인 초식성 동물에게 대항하는 능력을 가진다는 사실은 우리에게 자연의 신비를 깨닫게 해주는 대단한 사건의 하나이다. 식물이 긴 시간을 두고 초식동물로부터의 피해를 버티고 이겨 내며 나름대로 살아가는 방법을 고안하였다는 사실은 분명히 놀라운 일이다. 이러한 사실은 최근에 이르러 과학의 발전에 힘입어 하나하나씩 밝혀지고 있다. 귀찮은 파리가 달려들면 우리가 손을 휘둘러 내쳐버리는 것처럼, 식물이 비록 장소를 이동하지는 못하더라도 가능한 모든 방법을 동원하면서 필요에 따라 가해자로부터의 위험과 피해를 벗어나려는 노력은 사람들이 미처 생각하지도 못한 방향으로 이루어지고 있으며, 그러한 노력은 이미 부분적으로나마 성공하였다는 사실들이 알려지고 있다. 이와 비슷한 또 다른 연구 결과들이 알려져 새로운 가설이 확인되면 식물의 본능적인 보호반응에 대한 더욱 놀라운 사실들이 우리 주위에서 일어나고 있다는 것을 새삼 느끼게 하는 것이다.

● 동물의 행동

동물의 행동은 프로그램화된 본능이라고 볼 수 있다. 새가 알에서 깨어나는 것은 어미 새의 도움이라고 하더라도 둥지를 짓는 것은 새의 본능적인 행동으로 볼 수 있다. 다 자란 새는 어미 새로부터 배우지 않고도 스스로 살아갈 터전인 둥지를 만드는 것이다. 이렇게 많은 동물들이 살아가는 데 필요한 생활터를 확보하고 유지해 가는 방법은 어미가 일일이 가르쳐 주지 않아도 스스로 자연스럽게 찾아서 해나가는 행동을 보더라도 본능적인 것이라고 생각할 수 있다.

동물의 행동에서 나타나는 여러 가지 행동을 분석해 볼 때, 우선 동물의 행동은 유전자에 집적되었다가 자손을 증식하면서 전해지므로 어버이로부터 비롯된 것이라는 상향발전론과, 다음으로 동물의 행동은 집단에서 먼저 발전되었다가 다음 세대로 전해진다는 하향발전론으로 나누어 생각할 수 있다. 어느 방법을 통해서라도 동물의 행동은 다른 것들과 다른 독특한 행동이 있으며 이것이 세대를 이어 전해진다는 것은 부인할 수 없다. 더욱 중요한 것은 이들의 행동을 의식적인 것과 무의식적인 것으로 구분할 수 있는가의 문제이다. 동물의 행동은 단순해 보이는 작은 움직임이라고 하더라도 의식적인 행동과 무의식적인 행동으로 나눌 수 있다. 이러한 동물의 행동을 근본적으로 이해한다는 것은 그리 간단한 문제가 아니다.

동물을 비롯한 모든 생물에서 무엇보다도 중요한 일은 먹이를 확보하는 일이다. 특히 에너지를 스스로 생산할 수 없는 동물의 경우에는 어떻게 해서든지 태어나서부터 완전한 개체가 되기까지 자라는 데 필요한 먹이를 확보하여야 한다. 고등동물의 경우에는 새끼가 태어나 성숙할 때까지 어미의 보살핌으로 어려움을 극복할 수 있다. 그렇지만 어미가 새끼를 돌볼 수 없는 경우에는 자연 환경 속에서 스스로 어려움을 이겨 내고 성숙한 개체로 자라나야만 한다. 따라서 물고기와 같은 경우에는 수많은 알을 낳아 대부분이 희생되더라도 더 많은 새끼들이 성숙한 개체로 살아남기를 바랄 뿐이다. 맵시벌이나 나나니벌의 경우에는 새끼가 알에서 깨어나자마자 바로 먹이를 먹을 수 있도록 아예 먹이가 되는 다른 애벌레 몸 안에다 알을 낳는 방법을 택한다. 물론 종류에 따라 서로 다른 방법이 있지만 이렇게 하는 가장 기본적인 의도는 태어난 새끼들이 어떻게든 먹이를 확보하여 자연환경의 어려움을 극복하고 성숙한 개체로 살아남을 수 있도록 하는가라는 점이다. 이러한 먹이 확보의 문제는 어미가 가르쳐 주지 못한다면 태어날 때부터 본능적으로 행동할 수 있어야 할 것이다.

동물로부터 인간에 이르기까지 모든 행동은 생명현상의 하나인 자극에 대한 반응과 비슷한 것이지만, 다음과 같이 단계적으로 진행된다고 생각할 수 있다. 그것은 [본능] → [감각] → [지각] → [의식] → [정신]이라는 단계로 발전된다고 볼 수 있지만, 이들의 단계 단계가 서로 연관을 가지고 있기 때문에 명확하게 구분하기는 어렵다. 동물의 감각능력은 경우에 따라서 인간의 그것과는 비교할 수 없을 정도로 높을 수도 있다. 인간은 그러한 높은 감각능력을 가지지 못하더라도 모든 지식을 종합하는 능력을 가졌기 때문에 다른 동물들이 가지고 있는 높은 감각능력을 인간의 생활에 이용할 수 있는 고도의 지적 능력을 가지고 있다.

우리들은 모르는 사이에 뜨거운 물체에 손이 닿으면 무의식적으로 손을 빼고 경우에 따라서는 귀뿌리에 갖다 대기도 한다. 생리학적으로는 이를 반사운동이라고 한다. 이러한 행동은 대부분의 동물에서 거의 본능적으로 이루어지는 행동과 상당히 비슷하다. 새끼가 태어나면 우선 젖꼭지부터 찾는 것도 거의 본능적인 행동이다. 새끼가 젖을 떼고 먹이를 먹기 시작하면 필요한 만큼 어미가 잡아다 먹여 준다. 점점 커지면서 스스로 먹이를 사냥하는 방법을 배울 때에는 먹이가 움직이거나 꿈틀거리면 새끼들은 다소 움츠러들기 마련이다. 그러다가도 어미가 잡아온 먹이 동물로 사냥 연습을 하거나 어미의 지도 아래 사냥 학습을 하고 나면 먹이와 마주쳐 멈칫거리지도 않고 더 나아가 먹이 잡는 방법을 스스로 발전시키기도 한다. 이렇게 동물의 행동은 본능적인 형태로부터 감각과 지각을 통해 발전하며 반복되는 학습을 통해 의식과 행동으로 발전할 수 있는 셈이다.

대부분의 동물의 행동에서는 동물이 지각하지 않는 것은 알 필요가 없는 것이라는 일반적인 규칙이 성립되기도 한다. 따라서 동물은 '필요한 것만을 지각한다'고 볼 수 있다. 그렇더라도 동물의 행동은 진정한 의식으로부터 스스로 결정하여 실행하는 것인지 아닌지를 먼저 찾아보아야 한다.

뻐꾸기는 알을 다른 새의 둥지에 낳는 탁란(托卵)이라는 독특한 습성을 보인다. 그리고 뻐꾸기의 알은 둥지를 만든 새의 알보다도 빨리 깨어나도록 예정되었다. 알에서 깨어난 새끼 뻐꾸기는 어미가 가르쳐주지 않아도 물론 가르쳐 줄 수가 없지만 스스로 해야 할 일을 본능적으로 알아서 해낸다. 태어나자마자 자기를 맡아서 길러 주는 어미 새가 먹이를 구하러 밖으로 나간 사이에 둥지 속에 있는 다른 알을 털도 나지 않은 어깨로 밀어 올려 둥지 밖으로 떨어뜨려 버린다. 그리하여 둥지 속에 혼자만 살아남아 어미 새의 보호를 독차지한다. 이것은 '본능이 우선한다'는 동물의 행동양식을 단적으로 보여 주는 예의 하나이다.

동물에서의 본능적인 행동은 분명히 감각을 통하여 인식된 내용을 행동과 감정으로 나타내는 근본적인 역할이라고 본다. 동물들을 여러 가지의 조건에 맞추어 반응하도록 학습시킨다고 하더라도 본능적인 행동이 나타나기 마련이다. 아무리 열심히 학습시킨 동물이라도 일단 본능적인 행동이 나타날 때에는 언제나 행동의 횟수가 증가하고, 먹이를 못 먹을 정도로 조건이 악화되더라도 그 강도는 더욱 거세게 표현된다. 이러한 예를 보더라도 본능적인 행동은 동물의 행동에서 가장 기본적인 것이라고 말할 수 있다.

열대지방에 사는 천산갑이 나무 위 30m 높이에 있는 개미집을 습격하여 날카로운 앞발과 튼튼한 주둥이로 나무껍질을 파내고 개미집을 헤쳐서 애벌레와 꿀을 먹이로 탈취한다. 그러나 현명한 천산갑은 개미집을 공격하여 먹이로 하면서도 완전히 파괴하여 남김 없이 끝까지 다 먹어치우는 것이 아니라 어느 정도까지만 먹이로 하고 개미들이 부서진 집을 복구할 수 있도록 남겨 둔다. 이러한 행동은 천산갑이 다음 기회에 먹이로 이용할 수 있도록 자연적인 균형을 유지하는 것으로 보인다. 그렇지만 천산갑의 머릿속 기억에 한번 남겨 두었던 개미집을 기억하고 다시 찾아오는 것인지, 다른 천산갑이 먹이로 이용하는 것인지, 또는 본능적으로 개미집의 일부만을 깨뜨려 먹이로 하는 것인지에 대해서는 확실히 알려져 있지 않다. 아마도 천산갑이 개미집을 먹는 습관도 본능적인 행동에 의해서가 아닌가 생각된다.

날개를 가진 새나 곤충이 하늘을 나는 모습은 매우 독특하다. 그렇더라도 새와 곤충이 날아다니는 방법은 기본적으로 다르다. 곤충의 비행방법은 새의 경우와 달리 탄성적인 고무공의 성질과 비슷한 것으로, 한 방향으로 움직일 때만 에너지를 사용한다. 동물이 하늘을 날고 땅 위를 뛰어다니는 운동에 대해서 물리 · 화학적으로 어느 정도 설명이 가능하지만 방향의 결정에 대하여는 설명하기가 어렵다. 어디로 향하는가는 전적으로 동물들의 본능과 지각에 달린 문제이다.

동물은 스스로의 움직임을 효과적으로 하기 위해서 자신의 모습을 효과적으로 관리하고 있다. 예를 들자면 물고기는 헤엄치기에 알맞도록 자신의 몸 겉쪽을 점액성 물질로 발라 싸고 있다. 물고기 체표면의 점액은 헤엄칠 때 물과의 마찰력을 1/3로 줄여 준다. 물고기의 부레는 나중에 육지동물에서 허파로 발전하게 되지만 물속에 있을 때에는 공기를 저장함으로써 부력을 증가시켜 쉽게 뜰 수 있도록 한다. 물고기와는 조금 다르게 양서류의 체표면의 점액은 보호기능을 갖는다. 물과 땅을 오가며 사는 양서류는 환경 조건의 급속한 변화에 노출되므로 어떻게 해서든지 피부를 통해 일어날 수 있는 미생물의 감염에 대비하는 수단을 갖추어야만 한다. 이렇게 양서류의 점액 성분이 갖추고 있는 미생물에 대한 특수작용에 대하여 관심을 갖고 연구하는 사람들도 있다.

동물 행동학자들은 여러 가지 실험을 통하여 동물이 시각적인 감각을 촉각적인 감각으로 바꿀 수 있다는 재미있는 사실을 알아내었다. 갈가마귀의 먹이가 되는 곤충들은 위험을 피하기 위해서 움직이지 않고 죽은 체한다. 갈가마귀는 먹이가 되는 곤충의 생김새를 모르고 오로지 움직이는 형체만을 먹이로 인식하고 있기 때문이다. 마찬가지로 개구리는 혀를 잽싸게 내밀어 움직이는 곤충만을 낚아채 먹이로 삼지만 죽어 움직이지 못하는 곤충은 거들떠보지도 않는다는 것은 이미 잘 알려진 사실이다. 그러므로 이러한 동물은 먹이로 삼는 것들이 움직이지 않는다면 아무리 가까이 있더라도 잡아먹지 못하고 배고픔을 당할 것이라는 이야기는 그냥 지어낸 이야기가 아니다. 동물은 어떤 특정한 자극에 대해서 반응하지만 상황이 바뀌면 같은 자극에 대해서 전혀 반응하지 않을 수도 있다는 의미이다. 다시 말하면 동물이 감각기관을 통해 들어오는 모든 변화에 반응하는 것이 아니라 그 가운데 일부에 대해서만 반응한다고 설명할 수 있다. 이러한 것이 아마도 본능적인 행동의 일부라고 설명할 수 있을 것이다.

고등동물은 분명히 지각 능력을 가지고 있다. 척추동물의 감각기관은 사람의 것과 구조가 거의 똑같기 때문에 지각 능력을 가졌다고 인정할 수 있다. 척추동물보다는 덜 발달되었다고 생각하는 무척추동물 또한 자신들의 생존을 위하여 필요하다면 기억하는 능력을 가졌다고 볼 수 있다. 실제로 벌, 물고기, 새들도 형태를 구별하고 필요한 만큼 기억할 수 있다는 실험적인 증거들이 알려져 있다. 물론 고등한 동물일수록 우수한 감각기관을 가지면서 그것을 이용하는 방법도 탁월하다는 것은 이미 잘 알려져 있다. 대표적인 무척추동물인 곤충은 후각, 시각, 촉각의 모든 감각을 동원하여 먹이를 사냥한다. 이들의 기억능력은 적어도 형태를 분별할 줄 안다. 감각을 통하여 얻은 정보를 생리적인 행동으로 옮기면서 환경에 적응하는 예도 있다. 화려한 색깔을 자랑하는 나비는 더운 여름날에 숲 속의 바위틈에서 흘러나오는 물줄기 근처의 촉촉한 곳에 즐겨 떼를 이루며 앉아 있는 모습을 볼 수 있다. 기온이 올라가는 더운 여름 날씨에는 조금만 움직여도 덥기 마련이다. 나비도 많이 움직이면 체온이 올라가는 것은 마찬가지이다. 물가에 앉아 물을 빨아들이고는 금방 물방울을 만들어 배설하는 행동을 반복하면서 올라간 체온을 떨어뜨린다. 작은 크기의 곤충이 하는 행동이므로 자세히 관찰하지 않으면 확인하기 어려운 일이다.

동물들 가운데에서 보다 고등하게 발전한 동물들은 감정의 표현도 사람과 같이 할 수 있다고 보았다. 즉 감각 정보를 의식으로 받아들이고 이것을 기본으로 하여 다른 행동으로 옮길 수 있는 자율적인 행위자로 보았다. 개구리는 움직이는 물체의 크기와 움직임을 보고 포획 행동 여부를 결정하며, 물방개는 촉각에 의한 화학적인 자극을 감지하고 포획행위를 결정한다. 이렇게 동물들이 보여 주는 행동은 단순한 움직임이 아니라 감각을 통해서 받아들인 정보를 스스로 분석하여 행동으로 옮기는 자율적인 것이다.

대부분의 고등한 동물들은 감정을 가진 것으로 보인다. 고등동물들이 보여 주는 여러 가지 행동에서 우리는 동물의 감정을 어느 정도 쉽게 찾아볼 수 있으며 그것을 이해할 수도 있다. 이러한 여러 가지 예를 보더라도 척추동물은 적어도 사람과 비슷한 '지각능력'을 가진 것으로 생각할 수 있다.

● 동물의 지적 능력

동물들은 도대체 무엇을 생각하고 있을까? 사람이 아닌 동물들은 과연 어떠한 생각이나 주관적인 감정을 느끼고 있는 것일까? 사람들은 시대를 막론하고 동물이 의식을 가지고 있는가 하는 문제에 흥미를 가져왔다. 많은 종류의 동물들에서 학습 행동이 나타나고 학습과 행동의 유연성이 보인다는 이야기는 이미 교과서에도 실려 있는 이야기이다. 더구나 행동과 의식은 모두 중추신경계 안에서 이루어지는 작용에 의한다는 사실도 이미 알려져 있다. 동물행동학자와 심리학자들이 실험한 바에 의하여 적어도 동물이 보여주는 지적 능력이라는 것은 다음과 같이 생각할 수가 있다.

1) 사물이 가지고 있는 크기, 모양, 색깔을 구별함으로써 비유사성으로부터 일반적인 개념을 유추해 낼 수 있다.
2) 동물들이 감지해 내는 능력을 모아서 논리적으로 생각하여 결론을 유도할 수 있

다. 그러한 예로는 천장에 보이는 먹이를 구하고자 막대기나 상자 또는 사람을 끌어당겨 그 위로 올라서는 등의 수단과 방법을 이용할 수 있다.

3) 학습을 통하여 얻어진 초보적인 기호를 사용함으로써 의사소통을 이룰 수 있다. 침팬지나 원숭이에서 보는 바와 같이 수신호와 수화를 통하여 그것은 신호언어가 되었거나 부호체계가 되었거나 상대방에게 의사를 전달할 수 있다.

이러한 점에서 동물들이 지적인 능력을 갖추었다고 생각할 수 있다.

그러나 지적인 개념은 감각적인 이미지와는 상당한 차이점을 가지고 있다. 예를 들자면 새들이 공격적인 행동을 보이거나 소리를 지르는 것은 다만 움직이는 물체이거나 색깔을 구분하거나 또는 반짝거리는 물체에 대하여 행동하는 것이다. 따라서 동물들은 물질의 실체를 모르면서 외형에 대해서만 반응하는 것이다.

영장류들이 도구를 사용하기는 하지만 도구를 이해하고 개발하면서 사용하는 것은 아니라고 생각한다. 도구를 사용하는 예로는 침팬지의 경우가 잘 알려져 있다. 침팬지는 견과(堅果)의 껍질을 돌로 깨뜨려 내용물을 꺼내 먹는 방법을 찾아내었다. 이들이 손으로 쥐고 딱딱한 껍질을 깨뜨리기 위하여 사용하는 돌멩이는 알맞은 크기와 모양의 것이며, 두드리는 각도와 강도는 훈련을 통해 가장 알맞은 방법을 찾아 배우는 것으로 보인다. 어린 새끼들은 어미들이 까 주는 먹이를 먹다가 6년 정도가 지나야 비로소 돌멩이를 사용하는 방법을 터득하게 된다. 또한 사용하기에 적당한 돌멩이는 상당한 거리까지 가지고 다니면서 필요에 따라 여러 차례나 이용하는 것을 보더라도 이들은 어느 정도 지적인 능력을 갖추었다고 볼 수 있다. 더구나 시에라리온의 티와이 섬에 사는 원숭이는 잘 익은 나무열매를 골라 양손으로 붙잡고 비틀어 따는 방법을 알아낸 것만 보더라도 생존에 필요한 방법은 학습과 반복을 통해서 기억하는 지적인 능력을 가졌다고 보인다.

이러한 행동들은 전적으로 동물의 감각적인 측면이 강조되는 것으로 언어의 표현이라고 볼 수 없는 연상작용이거나 기억이라고 할 수 있다. 수화를 하는 것은 단지 원하는 것을 얻는 수단일 뿐이다.

영장류는 이미 만들어진 막대기나 돌멩이를 도구로 사용하기는 하지만, 도구를 이해하지 못하고 더구나 적당한 재료를 변형시켜 도구를 만들어 사용하지는 못한다. 이것이 영장류와 사람의 도구 사용에서 커다란 차이점이다. 이러한 여러 가지 조건을 살펴보면 동물은 의식을 가지기는 하더라도 지적인 이해력을 가지지는 못한다. 이런 점에서 동물과 사람은 큰 차이를 보인다.

어쨌거나 생명현상의 일부를 물리 · 화학적으로 설명할 수 있다고 하더라도 감각의 인식이나 연상 작용 그리고 기억이나 정서 등은 물리 · 화학적으로는 도저히 설명할 수 없는 범위에 속한다. 여러 가지 생명 현상을 물질의 속성으로 설명하려는 것은 신문의 '오늘의 운세' 난에 적힌 풀이를 믿고 남의 돈까지 빌려 사업에 거액을 투자하려는 것과 같다. 동물은 감각기관을 통하여 외부의 변화를 느낄 수 있으며 이를 종합하여 스스로 인식할 수 있다. 이와는 조금 다르게 정신은 보이는 것을 인식할 뿐만 아니라 보이지 않는 것도 믿을 수 있다는 인식의 변화를 스스로 조절할 수 있는 자가조절능력을 보여 준다. 아마도 이러한 정신적인 특징은 사람만이 지닐 수 있는 근본적인 차이점이라고 보아야 할 것이다.

생물학의 연구에서 데카르트적인 방법은 동물의 감각, 정서를 부정하고 무의식적인 기계로 간주한다. 이것을 기계론적인 모델이라고 부른다. 그러나 데카르트가 생각했던 것처럼 동물은 그렇게 단순히 외부로부터의 힘에 따라 움직이지는 않는다. 이미 앞서 이야기한 대로 동물은 학습을 통해서 어느 정도의 의식을 가지기 때문이다. 생명이나 정신은 아직까지 과학적인 범주에 들지 못하므로 오히려 종교적이거나 철학적인 입장에서 이해하려는 경향이 더 많다. 생명을 가진다는 것은 무한한 발전을 할 수 있는 능력이 있다고 본다. 사람들은 생물체와 사람이 만든 기계를 비교하면서 그 차이를 극복해 보려고 안간힘을 쓰고 있다. 어쨌거나 우리는 생명을 제대로 인식하는 것이 무엇보다도 중요하며 생명체들이 보여 주는 신비한 현상을 통하여 생명을 유지하는 것을 이해할 수 있어야 한다. 동물은 감각을 인식하고 스스로 통제할 수 있는 능력을 가진 자율적인 행위자이다. 따라서 동물로 대표되는 비기계론적인 모델에서는 행동의 밑받침이 되는 감각과 인식에 대한 설명을 빼놓을 수 없다. 그리고 이들 동물들이 가지는 특징은 물질적인 요소로는 설명할 수 없는 점이 있다. 동물들에게 나타나는 생장, 생식, 감각, 인식, 지능 등의 여러 가지 요인들 이외에도 정서, 의지 등의 정신력을 나타내는 여러 가지 요소가 사람들에게 나타나고 있다는 점은 더욱 더 설명을 어렵게 하고 있다.

동물의 행동은 단순한 움직임이 아니라 의식적인 행동과 무의식적인 행동으로 나뉘며, 더 나아가 사람의 행동은 정신적인 분야로까지 이어지게 되므로 이러한 행동에 대한 근본적인 이해는 그리 간단하지 않은 일이다.

● 새들의 둥지 만들기

겨울이 지나 따뜻한 봄철로 계절이 바뀌면 일조량과 일조시간이 점점 길어지는데, 새들은 이러한 자연현상을 느끼고 성호르몬이 분비되면서 짝을 찾아 번식하려는 충동을 일으킨다. 이때가 되면 새들은 여러 가지 방법으로 암컷과 수컷이 구애를 하고 짝을 짓게 되어 새끼를 기르게 된다. 새들은 알을 낳아 새끼를 기르고자 할 때에는 둥지를 만든다. 한곳에 머물러 사는 텃새들은 한번 둥지를 만들면 비교적 오랫동안 이용하기도 하지만 철새를 비롯한 많은 새들은 필요할 때에 둥지를 만드는 경우가 많다. 뻐꾸기 같은 종류는 필요하더라도 둥지를 만들지 않고 다른 새의 둥지에 알을 낳아 다른 새로 하여금 자기 새끼처럼 기르게 하는 독특한 습성을 갖는다. 이것을 탁란(托卵)이라고 부른다.

새들이 만드는 둥지는 크기와 생김새가 일정하지 않고 나름대로 살아가는 방법에 따라 독특한 방법으로 특별한 곳에 만든다. 둥지는 알을 낳아 새끼를 기르기 위한 장소이므로 다른 동물들이 넘보지 못하도록 특별한 주의를 기울여야 하고 조심스레 다루는 것은 당연한 이치이다. 흔히 볼 수 있는 까치는 비교적 높은 나뭇가지 위에 둥지를 짓는다. 까치의 습성을 살펴보면 사람들이 생활하는 집 주위에 터를 잡는 경우가 많다. 경우에 따라서는 전신주 위에 둥지를 틀기도 하므로 가끔 합선을 일으켜서 정전사고의 원인이 되기도 한다. 특별히 높은 지역에 둥지를 만드는 조류로는 높은 하늘을 삶의 터전으로 하는 독수리나 매를 들 수 있다. 이들은 높은 산꼭대기나 절벽의 바위틈에 둥지를 마련하여 다른 동물들이 쉽게 찾지 못하고 가까이하기 어렵게 만든다. 이렇게 둥지를 안전한 곳에 마련하는 것은 오랫동안 유전적으로 전해져 내려오는 습성이면서도 또한 어미 새들의 새끼사랑의 시작이기도 하다.

숲 속이나 관목의 덤불 속에 둥지를 트는 많은 작은 새들도 다른 짐승들이 찾아내기 어렵게 교묘한 방법으로 둥지를 만들고, 비밀스러운 통로를 이용하여 들고나기 마련이다. 언뜻 보아 구별하기 어렵도록 주위의 나뭇가지와 같은 색깔로 둥지를 만들거나 나뭇가지를 한데 붙잡아 묶은 틈 사이에 둥지를 만드는 등의 여러 가지 독특한 방법이 동원된다. 물가에서 사는 새들은 강턱의 부드러운 흙 속에 굴을 파고 둥지를 만든다. 바다를 생활의 터전으로 삼는 바닷새들의 경우에는 섬의 바위절벽 틈새에 둥지를 틀기도 하지만, 바위 밑이나 덤불 사이의 부드러운 흙을 파내고 땅굴을 만들어 둥지를 마련하기도 한다.

어미 새가 새끼에게 먹이를 주는 것도 그대로 입에 넣어 주는 것이 아니라 먼저 씹어서 새끼가 소화시키기 알맞도록 만든 다음에 벌린 입에 넣어 준다. '우는 아이에게 떡 하나 더 준다'는 말처럼 둥지에 여러 마리의 새끼가 있을 때에는 입을 크게 벌린 새끼가 더 많이 받아먹는 것은 동물의 생활에서 당연한 일이다. 또한 새끼도 하나의 생명체이기에 먹이를 받아먹고 배설물을 만들기 마련이다. 새끼의 배설물은 그대로 둥지에 떨어지게 되는데 이마저도 어미 새는 놓치지 않고 깨끗이 처리해 준다. 새끼의 배설물이 나오는 순간 어미 새는 이것을 받아 먹어버리거나, 부리로 물고 다른 곳에 멀리 날아가 내버린다. 새끼의 배설물이 둥지에 쌓이게 되면 냄새가 나기 마련이고, 이 냄새를 맡고 다른 짐승들이 둥지를 습격할 수도 있으므로 어미 새는 새끼의 배설물까지도 깨끗이 처리하는 사랑을 베푸는 것이다.

새들 가운데 어떤 종류는 땅 위에 둥지를 마련하기도 한다. 메추라기는 강변의 모래흙이나 밭에서 자라는 작물의 밑동에 둥지를 마련한다. 흙 위에 둥지를 만들면 많은 짐승들에게 알려지는 위험을 감수해야만 한다. 알에서 깨어난 새끼는 어미 새의 보호 아래 먹이를 받아먹으며 자라는데 이때 어미 새의 정성은 상상을 초월할 정도로 지극하다. 비교적 높은 곳에 둥지를 만든 새들은 다른 짐승들의 위협에 조금은 안심할 수 있지만 땅 위에 둥지를 틀게 되면 보통으로 조심해서는 새끼를 잃어버리는 경우가 많기 때문이다. 메추라기는 새끼에게 가져다줄 먹이를 얻게 되면 절대로 둥지 근처에 바로 내려 들어가지 않고 조금 떨어진 한적한 곳에 내린 다음에 둥지를 향하여 바로 나아가지도 않고 주위를 살피며 지그재그로 빙빙 돌면서 주위의 경계를 흩트리다가 한순간에 둥지로 들어가는 조심성을 보인다. 혹시라도 다른 짐승들이 둥지의 위치를 찾아내어 새끼를 잃게 되는 위험을 조금이라도 줄이려는 어미 새의 사랑이라고 볼 수 있다.

점점 커 가는 새끼들은 둥지 안에서 몸놀림이 답답해지면서 바깥 세계로의 이끌림을 참아내기 어려워한다. 어느 정도 자란 새끼는 드디어 둥지를 떠나 스스로의 생활을 개척해 나간다. 그렇지만 처음 둥지를 벗어난 새끼들은 바로 먹이를 찾기 힘들어하고 날갯짓을 비롯한 여러 가지의 본능적인 행동에서도 어딘지 모르게 미숙한 모습이 나타난다. 새들의 종류에 따라 다르지만 어미 새는 새끼가 둥지를 벗어나면 혼자서 독립생활을 하도록 못 본 체하며 그것으로 끝나는 경우도 있다. 다른 어미 새는 일단 둥지를 벗어난 새끼가 혼자서도 충분히 먹이를 구하고 스스로의 생활을 할 수 있을 때까지 일정 기간 동안 모든 면이 미숙한 새끼에게 먹이를 날라다 주며 새끼를 돌보는 경우도 있다.

절벽에 집을 짓고 사는 새의 알은 둥근 모양이 아니라 불규칙하게 모가 나 있다. 알이 둥글 경우 바람이 불어오면 옆으로 구르다가 아래로 떨어져 부화에 실패하는 경우가 있으므로 이를 대비하려는 목적이 있다. 어쨌든 새들이 살아가기 위해서는 여러 가지 방법을 이용하고 있지만 둥지를 어디에 트는가에 따라서도 이렇게 서로 다른 특이한 새들의 생활모습을 살펴볼 수 있게 해준다. 물론 이제까지 모든 새들은 그러한 방법을 유전적으로 이어 왔으며, 아득한 옛날부터 자연 속에서 자기들만의 독특한 방법을 개발하면서 종족을 유지할 수 있었던 것이다.

● 새들의 내리사랑

일본의 섬 지방에 살고 있는 바다쇠오리는 주로 바다에서 생활을 하면서도 번식기가 되면 육지에 올라와 새끼를 기른다. 바다쇠오리는 땅 속에 굴을 파고 알을 낳아 새끼를 기르는데 깊게는 7m에 달하는 굴을 판다. 이때 헤엄치기 알맞은 물갈퀴를 가진 바다쇠오리의 발은 마치 삽처럼 흙 속에 구멍을 파는 데 유용하게 쓰인다. 새끼가 태어나면 새끼가 먹을 물고기는 어미 새가 교대로 바다에 나가 잡아 오는

데, 한입에 보통 대여섯 마리 이상의 물고기를 한꺼번에 물고 둥지로 돌아온다. 어떻게 한입에 한 마리도 아닌 여러 마리의 물고기를 물고 올 수 있는지는 하나의 수수께끼가 아닐 수 없다. 그 해답은 분명히 부리만으로는 여러 마리의 물고기를 한번에 물기 힘들므로 긴 혀를 이용하여 한 마리씩 부리 안으로 차곡차곡 챙겨 넣을 수 있기에 가능할 것이다.

그리고 이렇게 어렵게 물고기를 잡아 오면 기다리는 것은 바로 새끼가 아닌 바다갈매기 떼이다. 바다갈매기 떼는 무리 지어 바다쇠오리가 물어 온 물고기를 당연하다는 듯이 둘러싸고 빼앗아 먹는다. 새끼를 생각하는 바다쇠오리는 이리저리 피해가면서 뺏기고 남은 먹이를 추슬러 새끼가 기다리는 굴로 향하는 것이다. 그러다가도 잡아온 물고기를 모두 빼앗겨버리고 남은 것이 없으면 다시 바다로 나아가 물고기를 잡아 오는 일을 반복할 수밖에 없다. 이러한 바다쇠오리와 바다갈매기의 행동은 하루 이틀이 아니라 수십 년 아니 수천 년 동안이나 진화의 과정을 이어오는 것처럼 지속되어 왔다. 바다쇠오리는 힘들게 잡아온 물고기를 뺏길 줄을 뻔히 알면서도 매일매일 바다갈매기가 모여 있는 장소에 내려 바다갈매기의 공격을 피하면서 뒤뚱거리며 한참을 돌고 돌아 바다갈매기가 안 돌아보는 틈을 타서 굴속의 둥지로 들어간다.

그저 간단히 생각하자면 둥지 입구의 가까이 내려서 바로 굴속으로 들어가도 되는 것을 어찌하여 먹이를 뺏겨 가면서도 힘들게 돌아가는 것일까? 그 이유는 힘들게 잡은 물고기를 빼앗기더라도 새끼가 들어 있는 굴의 입구를 바다갈매기에게 알려주지 않게 하기 위함이다. 새끼가 있는 둥지가 알려지면 사랑하는 새끼는 바다갈매기의 더 좋은 먹이가 되기 때문이다. 비록 힘들여 잡은 물고기이지만 물고기를 빼앗기는 것을 감수하더라도 새끼의 죽음을 피하도록 하자는 어미 새의 강한 사랑의 집념인 것이다. 이와 같이 자연계에서 일어나는 동물의 새끼에 대한 사랑의 집념은 무서우리만큼 처절하고 또한 강렬한 것을 생각하면 저절로 숙연해진다.

둥지를 따로 마련하지 않고 강변의 자갈밭에 알을 낳는 물떼새는 알의 겉모습이 자갈과 매우 흡사하여 자세히 살펴보지 않으면 구별하기 어렵다. '흰머리물떼새'는 강변의 모래땅에 알을 낳는데, 알이 잘 부화되려면 일정한 온도가 유지되어야 한다. 더운 여름 날씨에는 알의 온도가 올라가므로 어떻게든 어미 새는 높아가는 알의 온도를 떨어뜨리는 것이 필요하다. 어미 새는 가슴 털에 강물을 적셔서 주위에 적이 없는가를 조심스럽게 경계하면서 알 위에 내려앉아 적셔온 물을 알에 묻히며 올라가는 온도를 떨어뜨려 시원하게 유지시킨다. 물론 물떼새는 둥지를 따로 만드는 것이 아니라 모래땅 위에 알을 낳으므로 주위에 널려있는 자갈들의 모습과 비슷하게 보이도록 짙은 색깔의 얼룩이 알의 겉면에 드문드문 칠해져 있다. 이것은 새끼로 태어날 알이 주위와 비슷하게 위장함으로써 적으로부터의 피해를 줄이는 보호색 기능을 갖추게 하는 어미 새의 종족보존을 위한 방법의 하나이다.

이 새도 하늘을 날다가 알을 품어주기 위해서 알 위에 곧바로 내려앉지 않는다. 한참 떨어진 곳에 내려서 이리저리 방향을 바꾸면서 알을 향하여 나아가다가 주위를 살피고 안전하다 싶으면 알 위에 앉아 알을 품는 습성을 보여 준다. 알을 품고 있는 동안에도 다른 새나 짐승이 접근하려면 경계 음을 내어서 쫓아버리지만 그래도 계속하여 접근하면 좀 더 적극적인 방법을 보인다. 알을 품다가 상대방이 경계음을 무시하고 더욱 가까이 다가와 위험하다고 느끼는 순간에 뛰쳐나가는데 그 모양이 매우 독특하다. 다리를 다쳤거나 날개를 다친 새처럼 비척거리며 한쪽 날개를 내리고 허우적거리는 모습으로 뛰어가는 모습은 마치 병신춤을 추는 것과 같아 보인다. 병신춤으로 상대방의 주의를 자신에게로 이끌어 다른 방향으로 유인한 후에 알과 멀리 떨어진 곳에 이르면 상대방을 떨어뜨리고 훌쩍 날아가 버린다. 이렇게 알을 지키려는 어미 새의 모습은 웃음보다도 먼저 처절한 어미 새의 새끼사랑을 느끼게 하여 가슴 저리게 만든다.

III. 생물의 생활과 공생

생물들이 엮어 내는 생활 모습

거대한 자연 속에서 살고 있는 동물과 식물의 관계는 전혀 연관이 없거나 있더라도 아주 미미한 정도여서 겉으로도 드러나지 않는 것처럼 여겨진다. 더구나 생물과 미생물 사이에서 이루어지는 관계는 눈으로 확인할 수 없는 경우가 대부분이므로 이들의 관계는 거의 무시되는 경우가 많다. 그러나 모든 생물들이 엮어 내는 서로의 관계를 자세히 살펴보면 실제로 굉장히 복잡하게 서로 얽히고설켜 있다. 얼핏 보더라도 생물들 사이에는 아무런 관계가 없는 독립적인 생활을 하는 것처럼 보이지만 그렇지 않은 경우가 대부분이다. 그것은 어떻게든지 사슬로 연결되어 있으므로 어느 하나의 고리가 깨어진다면 그것은 그것만으로 그치는 것이 아니라 열 배, 백 배의 영향을 끼치게 되므로 저 멀리 떨어져 있는 종류에까지 영향이 미치게 되는 것이다. 자연환경을 이루는 생태계는 무생물적인 요인뿐만 아니라 생물적인 요인도 당연히 포함한다. 생물체 하나하나의 개체(individual)들이 모여 집단(population)을 이루며, 집단이 모여 군집(群集, community, 사회학에서는 지역사회 또는 공동체로 부른다)을 만들고 이들이 다시 모여 최종적으로 생태계(ecosystem)를 구성하는 것이다. 따라서 생태계 안에서 이루어지는 모든 상관관계는 생물들 사이에서 비롯되는 경쟁과 협동을 포함하는 온갖 생활 모습들이 복합적으로 어우러져 있다.

생태계의 변화를 추적하는 데 가장 중요하다고 여기는 점은 환경을 구성하는 여러 가지 요인들 가운데에서 주로 생물적인 요인들이 시간이 지나면서 어떻게 바뀌는가를 알아보는 것이다. 언뜻 생각하더라도 무생물적인 환경요인의 변화는 거의 없지만 생물적인 환경요인은 시간이 지남에 따라 변화하면서 가장 알맞은 상태로 자리를 잡아가는 것이라고 생각할 수 있다. 생물들이 환경 속에서 자리를 잡아가는 과정을 우리는 천이(遷移, succession)라 부른다. 천이과정에서 생물체들이 반응하는 정도는 생물체들의 종류와 그들이 살고 있는 주위의 상황에 따라 각각 다르다. 상황이 극도로 나쁘다면 주위 환경 속에서 죽느냐 사느냐 하는 격렬한 투쟁이 일어나고, 상황이 불리하다면 경쟁을 피해 돌아 들어갈 것이며, 상황이 좋다고 여겨지면 쉽게 자리를 잡게 될 것이다. 식물에서의 천이과정을 살펴보면 맨 처음으로 조류와 진균의 공생체인 지의류(lichen)가 지표면에 나타나고 이어서 풀이 자라나며 자그마한 덤불이 무성해지면서 키가 작은 관목과 키가 큰 교목이 차례대로 자라게 되어 숲을 이루며 안정된 상태로 자리를 잡아가는 것이 일반적이다. 이렇게 생물들이 변화과정을 거치면서 안정된 상태로 자리를 잡게 되면 우리는 이 상태를 극상(climax)이라고 부른다. 극상상태에서는 크고 작은 변화가 있기는 하더라도 일정한 수준을 유지하므로 쉽게 말하자면 항상성(恒常性, homeostasis)을 보인다고 할 수 있다. 따라서 모든 생태계는 극상상태로 나아가는 변화과정을 계속하고 있다고 보아도 틀림없다.

천이를 그들의 특성과 변화과정에 따라 나누어 본다면, 1차와 2차 천이로 나누거나, 다른 방법으로는 내부 및 외부로부터의 천이로 나눌 수 있다. 환경이 맨 처음 만들어지면서 지속되는 천이를 1차 천이라 한다면 2차 천이는 안정된 환경에서 어떤 변화가 일어난 후에 그 영향으로 이루어지는 천이를 뜻하는 말이다. 따라서 1차 천이의 예로는 처음부터 지금까지 그대로 유지되어 온 처녀림(處女林)을 꼽을 수 있으며, 2차 천이의 예로는 산불이 일어나 나무들이 타버린 후에 시간이 지나면서 다시 숲이 만들어지는 과정을 들 수 있다. 남미지역이나 아프리카의 원시림은 물론 처녀림이며 우리나라의 진동계곡도 사람들이 발길을 들여놓지 않은 처녀림으로 볼 수 있다. 내부로부터의 천이는 극상에 이르기까지 외부로부터의 어떠한 도움이나 영향을 받지 않고 내부적인 요인만으로 안정된 상태를 이루는 것을 뜻한다. 천연동굴이나 광산에서 스며 나오는 물속에서 여러 종류의 작은 생물들이 자리를 잡아가는 과정도 내부로부터 비롯되는 천이의 한 예가 될 수 있다. 그렇지만 외부로부터의 천이는 일단 안정된 상태가 만들어진 후에도 항상 외부로부터의 영향을 받으며 변화하는 과정을 뜻한다. 우유는 젖소로부터 분비되어 나올 때부터 안정된 상태이지만, 그 안에는 풍부한 영양분이 들어 있으므로 외부와 접촉하면서 많은 미생물들의 영향을 받아 변화하기 마련이다. 또한 김치도 시간이 지나면서 미생물의 영향에 따라 맛이 변하는 과정을 느낄 수 있으며, 가을에 떨어진 나뭇잎들이 시간이 지나면서 썩어 부식토가 만들어지는 것을 볼 수 있다. 이러한 변화과정은 외부로부터의 천이의 대표적인 예로 꼽을 수 있다. 천이는 "여러 종류의 생물들이 주어진 환경 조건 안에서 어떻게 살아남는가?" 하는 문제이므로 생물체들이 서식처를 확보하려는 경쟁적인 활동뿐만 아니라 모든 생물체들이 서로 어우러져 함께 살아가려는 공생관계와도 밀접한 관계가 있다.

대구 근교의 팔공산에서 자연휴식년제가 1987년 전국에서 처음으로 실시된 이후에 요즈음에 이르러 그 성과가 비로소 조금씩 나타나고 있다고 한다. 사람의 통행을 금지시킨 곳에서 그동안 사라졌던 식물과 동물들이 되살아나고 있는 것이다. 이것은 식물과 동물 사이에서 그동안 끊겼던 사슬의 고리가 다시 이어지는 것을 의미하는 것이다. 자연은 천이과정을 통하여 스스로 변화하면서 가장 안정된 상태를 유지하려고 노력하고 있다. 환경이 좋아지면 그동안 자리를 피해 멀리 떠나갔던 생물들이 살기 좋은 보금자리를 찾아 다시 돌아온다는 평범한 사실을 일깨워 주는 것이다. 환경오염으로 개체수가 줄어들었던 식물의 수가 다행스럽게도 늘어나고 오염된 환경을 피해 보금자리를 떠났던 동물들이 되돌아온 것이지만, 그동안에라도 멸종해 버린 동식물은 되살릴 길이 없다는 사실을 우리는 분명히 알아야 한다. 자연은 있는 그대로 놓아두라는 평범한 천이의 진리를 다시 한 번 깨닫게 해준다. 자연환경의 보전은 해도 그만 안 해도 그만인 것이 아니라 반드시 해야만 하는 당위성이 여기에 있는 것이다. 더구나 이 환경보전은 특정한 사람들만이 하는 일이 아니라 어느 누구라도 언제든지 실천해야 하는 것이기 때문이다.

● 생물체들 사이에서의 경쟁관계

생물체들의 변화과정인 진화는 긴 시간을 두고 이루어진다는 것을 전제로 하고 있다. 진화가 이루어져 온 현재의 상태를 진화의 결과로 본다고 한다면 생물은 그렇게 긴 시간 동안 경쟁을 통하여 가장 살기에 알맞은 종류가 살아남은 것이라고 이해할 수 있을 것이다. 생물의 진화에 대한 이론은 1858년에 다윈(C. Darwin)이 생물의 '잔인한 투쟁'을 역설한 것으로부터 비롯한다. 다윈은 비글(Beagle)호를 타고 1831년 12월부터 1836년 10월까지 남미 연안과 태평양의 여러 섬을 답사하고 탐험하였다. 탐험을 마치고 그는 갈라파고스 제도의 생물 종은 남미와 비슷하기는 하지만 섬끼리도 약간씩 차이가 있다는 것을 발견하였으며, 1830년에 발표된 인구론을 읽은 후 20년간을 자연선택에 의한 종의 진화설을 증명하려고 자료를 수집하였다. 그는 생물의 진화계열이 계통수 같은 것이라는 생각을 일관하여 발전시킨 최초의 사람이었다. 원고를 준비하던 중에 박물학자인 월리스(A. R. Wallace)가 다윈과는 독자적으로 자연선택설에 도달했다. 월리스는 말레이 제도에서 갈라파고스 제도의 생물적인 현상과 같은 점을 발견하였다. 월리스의 자료를 받아본 다윈은 1858년에 그의 논문을 자기의 논문과 함께 발표하였고, 이듬해인 1859년에 『자연선택 또는 생존경쟁에서의 적자생존에 의한 종의 기원에 대하여』(줄여서 『종의 기원』)라는 이름으로 그의 저서를 출간하였다.

다윈은 그가 쓴 『종의 기원』에서 '자연선택이론'으로 진화론을 제시하였다. 이 책에서 그는 적자생존에 의한 경쟁적인 투쟁이 진행됨으로써 자동적으로 조절되는 것이 바로 생물 현상의 기본적인 질서라고 이야기하면서 1) 생물의 먹이가 되는 자원은 제한적이지만, 2) 생물개체는 무한정으로 성장하기 때문이라는 전제조건을 제시하였다. 진화란 적자생존에 의해서 조절되는 자동적인 과정이라고 다윈과 함께 월리스 및 스펜서(H. Spencer)가 자신들의 신념을 피력하였고, 그때까지 맬서스의 비관적인 견해를 뒤엎고 진보적인 방향으로 생물의 진화를 생각하게 하였다.

과학적 · 사회적 · 신학적인 근거에서 여러 가지 비판이 있었지만, 영국에서는 그의 이론이 재빨리 받아들여졌다. 그리고 이 진화의 개념은 화학 · 천문학 · 언어학 및 인류학에도 응용되었지만 적극적으로 이용된 것은 주로 사회철학 및 윤리학 분야에서였다. 다윈의 이론인 자연선택설이 처음 발표되었을 때에 이에 대한 각국에서의 반응은 다양했다. 대체로 프랑스와 미국에서는 과학적 지지를 얻지 못했지만, 독일에서는 가장 널리 보급되었고 또한 가장 격렬하게 논쟁을 벌였다. 예를 들자면 생리학자인 베르나르(C. Bernard)와 미생물학자인 파스퇴르(L. Pasteur)도 다윈의 이론에 반대하였다. 다윈의 이론이 1860년 독일에 전해지자 발생학자인 베르(R. von Baer)나 쾰리커(R. A. von Kölliker), 동물학자인 라이디히(F. Leydig), 식물학자인 브라운(R. Brown) 등이 반대하였지만, 쉴라이덴(M. J. Schleiden)은 맨 먼저 다윈 이론을 받아들였다. 그리고 많은 학자들이 당시의 생물학 분야인 발생학, 비교해부학, 세포설 등을 다윈의 이론과 연결시키려고 노력하였다. 이러한 조정기간을 거치면서 그의 생각, 즉 패러다임(paradigm)을 중심으로 하는 진화론은 상당히 오랜 기간 동안 많은 사람들에게 받아들여졌고 지금까지도 이어져 내려오고 있다.

자연 속에서는 생물들이 먹이를 확보하기 위하여 종 안에서나(intraspecific) 또는 종 사이에서(interspecific) 치열하게 경쟁하므로 유리한 변이를 하는 것만이 살아남게 된다고 생각한다. 경쟁은 한 개체가 다른 개체와 그 개체의 삶의 조건을 차지하려는 다툼이지만, 그것은 개체만의 일이 아니라 다수의 개체인 생물종 전체가 보여 주는 공통적인 현상이라는 의미가 강하다. 생물체가 경쟁하면서 삶의 조건을 적극적인 자세로 찾아가는 상태를 선택조건(selecting factor)이라고 한다면, 생물체가 주어진 환경조건을 삶의 조건으로 받아들인다고 볼 때 이것을 제한조건(limiting factor)이라고 구분할 수 있다. 이들 두 가지의 용어는 삶의 조건에서 어떤 것을 강조하느냐의 차이일 뿐 제한과 선택이라는 근본적인 삶의 조건은 결국 같은 내용인 셈이다. 자연계에서 이루어지고 있는 경쟁을 굳이 나누어 본다면 종 안에서 일어나는 경쟁과 종 사이에서 일어나는 경쟁으로 구분할 수 있다. 강한 자가 약한 자를 이기는 경우처럼 자연 속에서 일어나는 경쟁은 종 안에서 드러나는 것보다도 종 사이에서 일어나는 경우가 대부분이다. 종 사이에서 일어나는 경쟁의 예는 헤아릴 수 없이 많고 일반적이지만, 종 안에서의 경쟁은 한번 일어나면 끝장을 보고야 마는 정도로 심각하고 치열하다는 특징을 보인다. 사람과 동물의 다툼이 사냥이라는 형태로 나타나지만 도구를 사용하는 사람의 승리는 거의 일방적이다. 그러나 사람과 사람이 도구를 이용하여 싸우는 전쟁의 경우에는 쌍방이 모두 엄청난 피해를 입게 되는데, 이것도 종 안에서 일어나는 경쟁으로 비유할 수 있다.

생물들이 경쟁에서 이기기 위해서는 제한요소를 만들어 내어 상대집단의 밀도를 줄이기 위한 방법으로 이용하기도 한다. 한 집단의 개체들이 분비하는 생장저해물질(inhibitory substance)에 의하여 다른 집단의 개체들이 죽게 되어 수가 감소하는 현상을 특별히 상관경쟁(interference competition)이라 한다. 상관경쟁의 대표적인 경우를 우리는 미생물이 분비하는 항생물질의 예에서 찾아볼 수 있다. 항생물질(antibiotics)은 미생물들의 상호관계에서 일어나는 항생작용(antibiosis)을 일으키는 물질을 말한다. 항생작용은 미생물들에 의하여 분비되는 물질이 다른 개체의 생장에 해를 끼치거나 감소시키고 적어도 다른 미생물의 활성에 영향을 끼치는 현상을 일컫는다.

미생물의 생육과정에서 나타나는 항생작용을 맨 처음으로 알아낸 사람은 파스퇴르(L. Pasteur, 1877)이었다. 그는 탄저병균(*Bacillus anthracis*)이 일정한 수준 이상의 요산(uric acid, 또는 요액 ; urine) 농도에서는 잘 자라지 못한다는 것을 알았다. 그 후에도 라이소자임(lysozyme)처럼 미생물이 분비하는 물질이 다른 미생물의 생장을 억제한다는 현상이 항생제의 발견에 앞서 이미 알려지고 있었다. 플레밍(A. Fleming)은 우연히 연구실에서 페니실리움(*Penicillium notatum*)이라는 곰팡이가 식중독을 일으키는 포도상구균(*Staphylococcus aureus*)의 생장을 억제한다는 사실을 알아내었지만 당시에는 다른 사람들의 관심을 끌지 못하였다. 그러나 그는 이 균이 나타내는 항생효과에 대한 연구를 계속하여 1929년에 '곰팡이 주스(mold juice)'를 만들고 이것을 페니실린(penicillin)이라고 이름 지었다. 그 후 10년이 지나 플로리(H. Flory)와 체인(E. B. Chain)이 이 물질을 분리하였고 1943년에는 공업적으로 대량생산하기에 이르렀다. 이렇게 만들어진 페니실린의 공로를 인정받아 1943년에 이 세 사람은 노벨상을 받았다. 한편으로 왁스만(S. A. Waksman)은 토양균의 일종인 스트렙토마이세스 균(*Streptomyces griseus*)으로부터 그때까지 알려진 페니실린으로도 치료하지 못하던 결핵균(*Mycobacterium tuberclosis*)에 효과를 나타내는 스트렙토마이신(streptomycin)을 개발해낸 공로로 1952년에 노벨상을 수상하였다. 항생물질은 "미생물이 분비하는 물질로서 묽게 희석되더라도 세균이나 다른 미생물의 생장을 억제하거나 사멸시키는 화학물질"이라고 정의할 수 있다. 현재는 미생물의 대사산물이거나 합성부위를 포함시키기도 하므로 항생제의 종류는 자연산 · 반합성 · 전합성 항생물질로 구분하고 있다. 설파나미드(sulfonamide) 같은 항생제는 이미 1930년대부터 완전히 합성되는 항생물질이다.

생물의 세계에서 일어나는 경쟁은 먹이를 확보하기 위한 경쟁이 우선이지만, 숨 쉴 수 있는 산소를 확보하려는 경쟁도 있고, 삶의 터전을 확보하려는 경쟁도 있기 마련이다. 자기와 가족들이 사냥하며 살 수 있는 영역을 확보하는 일은 동물의 세계에서 흔히 볼 수 있는 일이다. 미생물의 세계에서도 살아가는 공간을 먼저 확보하는 종이 우선권을 발휘하는 경우를 볼 수 있다. 우리는 이러한 미생물의 특징을 면역력이 약한 신생아에게 적용하기도 한다. 포도상구균(*Staphylococcus*) 가운데 병원성이 없는 502A 균주를 신생아에게 접종하여 자리 잡게 함으로써 언젠가 침입할지도 모르는 병원균이 자리 잡지 못하고 물러나게 하는 것이다. 생물들이 살아남기 위하여 영역을 차지하는데, 먼저 차지한 생물이 우선적인 권리를 가지는 것을 선취득권이라 부른다. 이러한 경우는 사람들의 세계에서도 종종 드러나고 있다. 생물의 경쟁 작용은 가장 기본적인 먹이의 확보로부터 시작되어 죽거나 죽이는 심각한 상태로까지 이어지고 있다. 이러한 경쟁 작용은 생물의 세계에서는 물론이고 눈에 띄지 않는 미생물의 세계에서도 항생물질이라는 형태로 일어나고 있다. 자연계에서 이루어지고 있는 종들의 생존경쟁은 적당한 변이를 일으킨 것만이 살아남는다는 간단한 원리로 마무리되면서 많은 사람들은 적자생존(適者生存)의 원리를 폭넓게 받아들이고 있다.

● 생물체들의 협동작용

생물체들이 경쟁한다는 것은 생물들이 살아남기 위해서 격렬히 투쟁하는 것으로 받아들이지만, 이러한 현상을 다른 각도에서 살펴보면 생물들이 살아남기 위해서 서로가 서로를 도와주는 협동의 의미로도 해석할 수 있다. 생물이 살아남기 위해서는 경쟁보다는 오히려 협동으로부터 힘을 얻는다고 생각하게 하는 것은 다음과 같은 몇 가지의 사실로부터 짐작해 볼 수 있다. 첫째로 종들 간에서의 경쟁이란 지엽적이며 일시적으로 조금 불편한 정도에 불과하므로 어느 정도 참고 이겨 낼 수 있다는 점이다. 둘째로 자연계에서 일어나는 경쟁이란 많은 생태학자들이 믿고 있는 만큼 경쟁이 일반적으로 일어나고 있는 현상이 아니라는 점이다. 그리고 셋째로 자연 속에서 함께 사는 생물종들 사이에서 서로 직접적인 해를 끼치는 경우가 알려진 바는 거의 없다는 점이다. 물론 제한된 범위이기는 하지만 미생물이 분비하는 항생물질에 의해서는 상대방의 생장이 억제되는 경우가 있는데, 이것은 실험실 안에서 알려진 결과이므로 자연에서 광범위하게 일어나는 생물의 생활과정에서 모든 조건이 그대로 일치하지 않는다는 것을 생각해야 한다.

자연 속에서 살고 있는 생물들은 경쟁을 피하기 위해 여러 가지 수단을 이용하고 있다. 첫째로 생물들이 살고 있는 장소가 지역적으로 다르다는 점을 꼽을 수 있다. 이러한 현상을 '지리적인 격리'라고 표현할 수 있는데, 생물들이 살고 있는 지역을 월리스(A. R. Wallace)는 6개의 생물구로 나누었다. 이렇게 생물구를 달리하는 생물의 서식조건을 보면 생물들이 생태적 지위(ecological niche)에 따라 서식처를 분할함으로써 경쟁을 피하는 것으로 생각할 수 있다. 두 종의 생물이 자연 환경 안에서 똑같은 생태적 지위를 누리는 경우는 결코 없다. 이것을 우리는 가우스(G. F. Gause)의 법칙이라고 부른다.

둘째로 생물들이 똑같은 먹이만을 고집하지 않고 서로 다른 종류의 먹이를 골라 먹는다는 점이다. 이것을 '먹이의 분할 점거'라고 표현할 수 있는데, 한 종의 먹이를 두고서도 위치나 시간을 달리하면 많은 종들이 먹이로 이용할 수 있다. 먹이의 분할 점거는 경쟁을 줄이는 방법이 되므로 분명히 경쟁의 원리보다도 협동의 원리로 이해할 수 있으며, 식물을 먹이로 이용하는 경우에서 여러 종류의 예를 찾아볼 수 있다. 왕족나비(우리나라에서의 왕나비)는 수많은 꽃식물 가운데에서도 특징적으로 인주솜풀(Asclepiadaceae, 박주가리 科에 속하며 대부분이 열대식물로 우리나라에 12종이 존재한다)을 먹이로 이용한다. 한편으로 백송나무에는 20종의 곤충들이 살고 있는데, 이들이 활동하는 위치는 서로 다르다. 잎에서는 5종의 곤충이 살고 있으며, 새순에는 3종이 살고, 가지에는 역시 3종이 터를 확보하고, 목질부와 뿌리에는 각각 2종이 자리를 차지하고, 수피에는 1종이 그리고 형성층에는 4종이 서식하고 있다. 이렇게 한 나무에서도 위치에 따라 서로 다른 곤충들이 자리를 잡고 살아간다. 또한 자연에서 여러 가지 특징을 보이며 살고 있는 사자, 뱀, 두루미, 물고기 등은 먹이 선호성이 모두 다르므로 이들이 서로 다른 먹이를 취함으로써 경쟁을 피하면서 살아가고 있다.

셋째로 생물들은 같은 서식처에 살더라도 먹이를 구할 때에는 시간대를 다르게 이용한다. 이것을 '서식처의 시간별 이용'이라고 말할 수 있다. 낮 동안에 먹이를 구하는 주행성 생물과 밤 시간에 먹이를 구하는 야행성의 생물이 한 서식처에서 공존하며 살고 있다. 벌, 나비, 족제비, 도마뱀, 조류 등은 햇빛이 나는 밝은 낮 시간에 먹이를 구하는 주행성이고, 바퀴, 나방, 쥐, 박쥐, 올빼미, 너구리 등은 어두운 밤에 먹이를 구하는 야행성의 습성을 가지므로 같은 서식처에서 먹이 경쟁을 피하며 살고 있다. 나방과 나비는 모두 같은 꽃을 먹이로 이용하는 것처럼 보이지만 실제로 나방의 경우를 살펴보면 밤에만 피는 흰색 또는 담황색 꽃만 이용하므로 나비와의 먹이 경쟁을 현명한 방법으로 피하고 있다. 우리 주위에서도 밤에 피는 대표적인 꽃으로는 달맞이꽃과 박꽃을 꼽을 수 있다.

생물들은 한 서식처에서만 사는 것이 아니라 먹이를 찾아 짧고 긴 거리를 이동하면서 살기도 한다. 그 대표적인 경우를 철새의 예에서 살펴볼 수 있다. 날씨가 차가운 북쪽지방에 살면서 모든 것이 얼어붙는 겨울이 시작되면 비교적 따뜻한 우리나라로 날아오는 기러기는 대표적인 겨울철새이고, 이와 반대로 따뜻한 여름 동안에 우리나라로 날아와 먹이를 구하고 새끼를 키워 추워지기 전에 남쪽 지방으로 되돌아가는 제비는 대표적인 여름철새인 셈이다. 동물의 경우와 달리 움직이지 못하는 식물도 한 장소에 살면서도 시기별로 다르게 꽃을 피우며 경쟁을 피해 살아간다. 서로 다른 개화시기를 가지는 것도 자리를 이동하지 못하는 식물들이 먹이 경쟁을 피하고 자손을 퍼뜨리는 방법으로 이용하는 하나의 지혜인 셈이다. 한 장소에서만 보더라도 많은 종류의 현화식물들이 시기를 달리 하면서 차례대로 개화한다. 그래서 우리는 봄꽃, 여름꽃, 가을꽃 식물로 꽃이 피는 시기에 따라 식물을 구별하기도 한다.

자연 속에서 살고 있는 각각의 생물들은 자신의 지위를 주위 환경과 그리고 또한 다른 생물들과 더불어 가장 알맞게 조절하면서 살고 있다. 다시 말하자면 자연

속에서 이루어지는 '평화로운 공존'이야말로 자연계에서 가장 중요하게 유지되는 법칙이라고 할 수 있다. 특히 적임동물(適任動物, fit animal)이라는 것은 언제든지 싸움을 회피하면서도 주어진 환경에 알맞게 적응하고 공존하면서 살아가는 종류를 뜻한다. 자연과 달리 실험실 안에서의 조건은 자연 상태가 아니므로 실험실에서 얻어진 결과는 실제 경우와 사뭇 다를 수가 있다. 적어도 실험실 안에서의 조건은 자연에서 이루어지는 조건보다도 움직임이나 이동 등의 반응이 다르기 마련이다. 그러므로 생물의 생활모습을 다루는 동물행동학이나 심리학, 생태학 분야에서는 실험으로 얻어낸 결과를 신중하게 분석해야 한다.

생물 간에 이루어지는 협동작용(cooperation)은 경쟁 작용과 마찬가지로 종 사이에서의(interspecific) 협동과 종 안에서의(intraspecific) 협동으로 구분할 수 있다. 이것은 바로 경쟁과 협동작용은 생물종과의 관계에서 나타나는 현상으로서 어떤 점을 중요하게 생각하느냐 하는 상대적인 성질을 나타내기 때문이다. 자연 속에서 생물들이 모여 사는 것이 과연 유리한 것인가라는 의문이 생긴다. 아무래도 같은 종들이 모여 살게 되면 먹이의 확보 문제로 경쟁이 일어나기 마련이다. 이러한 경쟁을 피할 수 있는 방법이 개발되지 않고서는 모여 사는 것이 결코 유리하지 않을 것이다. 생물은 경쟁을 피할 수 있는 여러 가지의 현명한 방법을 찾아 이 문제를 해결하였다. 이들은 함께 살더라도 골고루 분산하여 경쟁을 줄여 나갔다. 생물의 집단이 균등하게 분포함으로써 세력권을 나누어 가지고 짝짓기나 먹이확보의 문제를 유리하도록 갖추어 나갔다. 또한 같은 집단에서도 계급이 결정됨으로써 개체 간에 일어날 수 있는 투쟁을 최소한으로 유지시켰다. 생물의 구성원들이 가족(family)이나 무리(herd) 또는 집단(population)을 이루는데 이러한 여러 종류의 집단이 모이게 되면 이 사이에서는 분업이 가능하므로 경쟁을 피할 수 있는 것이다. 집단의 종류에도 여러 종류가 있는데, 식물 집단(colony)과 조류 집단(flock),

어류 집단(school) 등으로 생물종에 따라 나누어 볼 수 있다. 이러한 집단이 모여 군집을 이루는데 군집의 증가율이 자발적으로 조절되는 것을 보더라도 이들 사이에는 협동을 기초로 하는 동맹과 같은 관계가 유지되는 것이라고 생각할 수 있다.

● 동물과 식물의 공존

식물은 한자리에서 뿌리를 내리고 생활하므로 스스로 장소를 이동할 수가 없다. 사는 장소를 옮기기 위해서는 특수한 방법을 동원하는 수밖에 없다. 식물은 이동하기 위해 번식할 때 만들어 낸 씨앗을 바람이나 벌레의 몸에 실어 멀리까지 퍼뜨리는 방법을 생각해 내었다. 이러한 간접적인 이동방법을 수반이동(phoresis)이라 부른다. 단풍나무 씨앗은 얇은 막이 넓적하게 붙어 있어서 바람이 불 때에는 프로펠러처럼 회전하면서 제법 멀리까지 날아갈 수 있다. 아주 먼 거리를 이동하여 싹을 틔우는 식물로는 열대지방에 사는 야자나무를 꼽을 수 있다. 단단한 껍질에 싸인 야자열매의 경우 바닷물의 흐름을 타고 아주 먼 곳까지 흘러가는데, 해변에 닿으면 그곳에서 싹을 틔워 자라난다는 것은 이미 잘 알려져 있다.

스스로 자가수정을 하는 식물은 실제로 타가수정을 하는 개체보다도 우수한 자식을 만들어내기 어렵다. 이러한 사실을 알아낸 사람들은 우수한 형질을 확보하기 위해서 타가수정 방법을 이용하였다. 타가수정 방법을 유전적인 용어로 잡종강세라고 부르며, 이것은 사람들이 더 많은 농작물의 수확을 얻기 위하여 사용하는 방법이다. 옥수수의 경우에는 잡종강세가 잘 알려진 대표적인 작물이다. 이와는 반대로 자가수정은 순수혈통을 보존하거나 고유한 품종을 고정하기 위해서 필요한 방법이다. 이러한 방법을 동종번식 또는 근친교배(inbreeding)라고 부른다.

식물의 꽃 속에는 암술과 수술이 함께 들어 있는 것이 거의 대부분이지만, 한 그루에 있으면서도 암꽃과 수꽃이 다른 장소에 서로 떨어져 피는 것도 있다. 어떤 종류는 나무 전체가 암나무와 수나무로 구별되는 경우도 있다. 이렇게 암수가 다른 꽃인 경우에는 서로 떨어져 있는 암술과 수술 사이에서의 가루받이는 스스로 해결하지 못하므로 바람이나 벌레와 같은 매개체를 이용해야만 한다. 바람을 이용하는 방법에서는 흔들리는 진동에 의해 수술로부터 떨어져 나오는 작은 꽃가루를 바람에 날려 보내는데, 이때 수정의 확률을 높이기 위해서는 헤아릴 수 없이 많은 꽃가루를 내어놓아야 한다. 바람이 부는 날씨에는 하루만 지나도 소나무의 꽃가루인 송화(松花)가루가 바람이 막히는 담장 밑이나 물웅덩이 표면에 노랗게 깔리는 것을 볼 수 있다. 이렇게 많이 내어놓아 날아다니는 꽃가루 때문에 꽃이 피는 봄철만 되면 사람이나 동물들이 꽃가루로부터 알레르기성 질환을 얻는 경우도 있다. 풍매화 식물이 이렇게 수없이 많은 꽃가루를 바람에 실어 보내야 하는 어려움을 줄이기 위해서 곤충이 이동하는 능력을 가루받이에 활용하였다. 이러한 방법을 이용하는 꽃이 충매화이다. 충매 식물은 곤충을 유인하여 곤충의 몸에 꽃가루를 묻혀 주고 다른 꽃으로 날아간 곤충의 몸에 묻은 꽃가루를 암술에 묻혀서 가루받이가 이루어지게 하였다. 벌과 나비는 이렇게 식물의 가루받이를 대신해주는 대표적인 벌레이다. 식물은 벌레를 유인하기 위해서 꽃에 꿀을 마련하기도 하고 아름다운 색깔과 향기로운 냄새를 풍기기도 한다. 물봉선처럼 생긴 통꽃의 경우에는 주로 통꽃의 맨 밑에 꿀샘을 마련하여 벌이 안쪽으로 파고 들어오는 사이에 바깥쪽에 자리한 꽃가루주머니를 건드려 벌의 몸체 표면에 꽃가루가 묻게 하고, 이렇게 몸에 묻은 꽃가루는 다음 꽃에 찾아들 때 암술머리에 붙게 되어 가루받이가 이루어지게 한다. 산수국과 같은 식물은 꽃잎은 보잘것없지만 꽃받침이 꽃처럼 발달되어 꽃잎 대신 벌레를 유인하기도 한다.

식물은 자리를 이동하지 못하는 단점을 벌레를 유인하는 방법으로 다른 꽃의 꽃가루를 얻어 가루받이하는 방법을 고안하여 우수한 유전형질을 확보하려는 노력을 기울이고 있다. 자가수정보다는 타가수정으로 더 좋은 유전형질을 활용할 수 있기 때문이다. 암수 한 꽃의 식물이더라도 암술이 키가 커서 우뚝 솟아 있다가도 일정한 시간 동안에 다른 꽃가루와 수정이 일어나지 못하면 암술에서의 암술대가 스스로 무너져 내려 곁에 있는 수술과 키를 맞추고 자가수정이라도 하면서 종족을 유지해 나간다. 이러한 여러 가지 방법을 동원하여 식물은 스스로 가장 강인한 생존능력을 가진 후손을 만들어 내는 신비로움을 갖추고 있다.

식물은 보다 좋은 유전형질을 확보하기 위하여 먼 곳에 있는 꽃의 꽃가루를 바람이나 벌레를 통해서 받아들여 씨앗을 만들어낸다. 만들어진 씨앗은 또한 여러 가지 방법을 동원하여 멀리까지 퍼뜨려 종족의 서식처를 넓히고 보다 나은 환경조건에서 자라도록 노력한다. 식물이 씨앗을 멀리까지 전파시키는 방법에도 여러 가지가 있는데, 그 가운데에는 새들이 먹이로 열매를 먹고 여기저기 날아다니는 동안에 배설물과 함께 떨어져 싹이 나고 자라는 방법도 있다.

머리 위에 호화로운 장식처럼 아름다운 깃털을 가졌기에 이름조차도 왕관비둘기라고 불리는 새가 있다. 머리의 깃털장식이 너무나 아름답기 때문에 오래전부터 유럽 여성들의 장식품으로 이용되면서 무자비하게 남획되어 한때 멸종의 위기에 이르렀지만, 세계 동물자연보호연맹과 언론의 비판에 힘입어 살아남게 되었다. 왕관비둘기는 비둘기 과(科)에서도 가장 체구가 큰 편에 속하는 종류로 몸통 길이가 22~30cm에 이르고 몸무게는 0.8~1.2kg에 달한다. 이들은 뉴기니의 나무가 무성한 열대 밀림지대에서 동료 간에 질투나 시기 그리고 모함하지도 않으며 평화롭게 살고 있다. 왕관비둘기들은 밀림지대에서 여러 가지 진귀한 식물의 잎과 순, 과일,

씨앗 등을 즐겨 먹는다. 길고 뾰쪽한 부리로 여러 종류 과일의 열매를 쪼아 맛을 보고 구미에 맞으면 구구거리는 특유의 소리를 내어 무리에게 알리고 나누어 먹는다. 이들은 맛있는 과일이 전부 없어질 때까지 장소를 이동하지 않는 습성을 가지고 있다.

왕관비둘기의 또 다른 습성으로는 과일의 씨를 뱃속에 담아 있다가 다른 장소로 이동한 후에 배설물과 함께 몸 밖으로 내보내고 흙을 파서 배설물을 덮어버리는 행위를 들 수 있다. 이러한 방법으로 여러 종류의 맛있는 과일의 씨는 먼 곳까지 퍼지면서 튼튼하게 자라도록 해준다. 뉴기니를 중심으로 하는 열대의 밀림지대에서는 사람들이 일부러 식수를 하지 않아도 왕관비둘기들이 자연스럽게 각종 나무의 씨앗을 공한지에 뿌려 주므로 무성하게 자랄 수 있도록 해주는 것이다. 따라서 왕관비둘기는 열대지방의 밀림을 형성하는 데 큰 공을 세운 공로자로 대우받으며 살아가고 있다.

이렇게 우리 주위에 살고 있는 여러 종류의 동물과 식물들은 다른 개체들과 전혀 상관하지 않고 혼자 사는 것처럼 보이지만, 자세히 살펴보면 어떠한 방법으로든지 서로 도와주며 같이 사는 방법을 터득하여 이용하고 있음을 알 수 있다. 자연 속에서 사는 생물들은 결코 혼자만 독립적으로 떨어져 살기 어렵기 때문에 어떠한 방법으로든지 협동하면서 공존하고 있다.

생물이 만드는 공생관계

생물의 협동작용에서는 아마도 공생관계가 가장 중요한 몫을 차지한다고 볼 수 있다. 생물에서의 공생관계는 상리공생(相利共生, mutualism)과 편리공생(便利共生, commensalism) 그리고 기생(寄生, parasitism)으로 나눈다. 물론 이들의 공생 관계에서 이익의 분배가 정확히 1 : 1의 비율로 나누어지지도 않고 상리와 편리 공생을 명확히 구분하기도 어렵다. 다만 자세히 살펴보아 "서로에게 이익이 되는가?" 또는 "한쪽만 이익을 보게 되는가?" 그리고 "다른 쪽에서는 피해를 보는 것이 아닌가?"라는 점에 따라 구분하는 것이 일반적이다. 또한 공생관계는 형태적으로 보아 외부공생(ectosymbiosis)이냐 아니면 내부공생(endosymbiosis)이냐로 나눌 수 있지만 이들의 엄격한 구분이 힘들고 경우에 따라서는 이들을 구분하지 못하고 외부-내부공생(endo-ectosymbiosis)의 복합체로 따로 떼어 구분하기도 한다.

자연계에서 일어나고 있는 공생관계는 두 종류의 생물이 상대방에게 영향을 끼치는 경우가 대부분이지만, 경우에 따라서는 여러 종류가 연쇄적으로 영향을 미치면서 복합공생(complicated symbiosis) 관계를 만드는 경우도 있다. 복합공생 관계의 대표적인 예는 다음과 같이 세손가락나무늘보에서 찾아볼 수 있다. 세손가락나무늘보의 모피에는 녹조류가 살고 있어서 나무늘보가 나뭇가지 사이로 모습을 감출 때 도움이 된다. 나무늘보모기는 모피에 살고 있는 녹조류를 먹이로 하기 때문에 녹조류의 양을 조절해 준다. 세크로피아 나무의 줄기 밑 부분에는 개미가 집을 짓고 살고 있다. 개미의 먹이인 균류는 세크로피아 나뭇잎에 자라고 있다. 나뭇잎은 나무늘보의 먹이가 되며, 나뭇잎을 먹을 때에 개미가 섞여 들어가는데 이 개미는 나무늘보에게 식물로부터는 얻을 수 없는 미량원소를 제공해 준다. 이렇게 여러 종류의 생물이 한데 어울려 살면서 공생관계를 이루는 경우를 주위를 자세히 살펴보면 의외로 많이 발견할 수 있다.

생물의 공생관계로는 중립(neutralism)과 경쟁(competition)을 비롯하여 한 종의 생장이 촉진되는 편리공생(commensalism), 각종의 생장이 촉진되는 상조공생(synergism), 두 종이 서로를 필요로 하는 상리공생(mutualism), 한 종의 생성물질이 다른 종의 생장을 억제하는 편해작용(amenssalism) 그리고 포식(predation)과 기생(parasitism) 등을 들 수 있다. 공생관계에서 가장 널리 알려진 상리공생(相利共生, mutualism)은 그 예가 대단히 풍부하다. 초등학교 때부터 배워 온 집게와 말미잘, 악어와 악어새, 콩과식물과 뿌리혹박테리아를 비롯한 많은 공생관계의 사례는 대부분이 상리공생에 속한다. 생물들이 공생함으로써 먹이제공, 보호, 장소제공, 이동수단, 해충제거, 생식과 번식조건 제공 등 여러 면에서 이익을 얻을 수 있다. 곤충의 후장(hindgut)에 들어 있는 요산(uric acid)은 박테리아류(bacteroides)에 의해 질소로 고정되면서 온 몸으로 순환된다. 악어새는 악어의 몸에 붙어 있는 거머리를 먹고, 파리의 경우에 동물의 고름을 없애 주면서 상대방의 곤란한 문제를 청소작업(cleaning)으로 해결해 준다.

공생관계에서 한편은 이익을 얻지만 상대방은 어떠한 영향도 받지 않는 관계를 편리공생(便利共生, commensalism)이라고 한다. 자연계에서 이루어지고 있는 편리공생의 예는 대단히 많다. 사람의 대장에 살고 있는 대장균의 경우를 비롯하여 말미잘의 촉수에 숨는 흰동가리, 해삼의 항문을 드나드는 숨이고기, 대합의 외투막 안에 사는 대합속살이게와 같은 경우가 모두 편리공생의 예이다. 어떤 종이 다른 종에 실려 운반되는 관계를 수반이동(phoresis)이라고 부른다. 이와 같은 경우도 편리공생의 한 예로 꼽을 수 있다. 곤충과 벌레의 수반이동 상황이 딱정벌레와 장수말벌이 발견되는 호박에서 진드기나 선충들이 묻어 있는 것을 보아 알 수 있다. 수반이동의 특수한 경우로 소화과정을 거쳐야만 비로소 발아되는 씨도 있다. 그러한 대표적인 경우가 인도양의 마리투스(Maritius) 섬에 존재하는 칼바리아(calvaria)나무인데 이 나무는 도도새(dodo bird)가 씨를 먹어서 소화관을 거쳐 배출한 다음에야 발아되는 나무이다. 도도새가 멸종된 지 300년이 지나는 동안 이 섬에는 300년 이상의 나이를 가지는 칼바리아나무만 자라고 있다. 다시 말하자면 도도

새가 멸종된 이후로 칼바리아나무는 싹을 틔울 수 없으므로 도도새가 되살아나지 않는 한 칼바리아나무는 자연적으로 번식할 수 없게 되었다.

편리공생에서 한쪽이 아무런 영향을 받지 않는 것과는 반대로 한쪽이 피해를 입는 관계를 기생((寄生, parasitism)이라고 부른다. 기생이 어떻게 이루어지느냐에 따라 두 가지 종류로 구분한다. 생물이 살기 위하여 기생에만 의존하는 '전적인 기생(obligate parasite)'과 형편에 따라 기생도 하고 안 하기도 하는 '편의적인 기생(facultative parasite)'으로 나눈다. 기생생활을 하는 동물이나 곤충들이 대부분 숙주에 해를 끼치는 것이 일반적인 현상이며 많은 병원균들도 당연히 기생생활을 하며 숙주에 해를 끼친다. 그러나 한편으로 생각하면 스스로 영양분을 만들지 못하므로 기생생활을 하면서 살아야 하는 버섯을 비롯한 대부분의 미생물들은 모든 생물체를 분해하여 간단한 유기성분으로 만들어 생물들로 하여금 다시 이용하게 해준다. 따라서 기생생활을 하는 대부분의 미생물들은 자연 속에서 영양분을 재활용시켜 줌으로써 결과적으로 물질순환이라는 큰 이로움을 제공한다고 생각할 수도 있다.

그렇다면 기생은 과연 "자연 속에서 상대편에 해로움만 끼친다 할 수 있겠는가?"라는 의문이 생긴다. 생물 간의 관계에서는 분명히 해를 끼치는 것이 기생이지만, 비생물적인 환경에서 볼 때에는 물질분해라는 일을 해내고 있으므로 반드시 해를 끼친다고 생각할 수는 없다. 그러한 기준은 생물적인 요인에 한정시킬 것인가 아니면 비생물적인 요인도 고려할 것인가에 따라 다르게 볼 수 있다. 우리를 둘러싸고 있는 자연 생태계에서 본다면 기생은 분명히 물질순환이라는 훌륭한 일을 하고 있기 때문에 전체로 보아서는 공생관계를 형성하는 것이라고 생각할 수도 있겠다.

땅을 덮는 공생체, 지의류

지구상에는 사람들이 마음대로 할 수 없는 신비한 자연현상이 많이 있다. 녹색지대가 사막으로 바뀌어 가는 것도 그 가운데 하나이다. 건조한 기후에 의해서 녹지대가 점점 식물이 살 수 없는 불모지대로 바뀌는 현상이 바로 사막화 현상인데, 지구상에서는 매년 6만 km^2의 녹지가 사막으로 바뀌어 간다고 한다. 특히 심한 곳이 아프리카의 사하라 사막에 인접해 있는 지역이다. 가뭄이 계속되던 1968년부터 1973년까지 매년 50km 길이의 땅이 사막화되었다고 한다. 이것은 지표상의 문제로 그치지 않고 기아 문제를 비롯한 여러 가지 피해를 가져오게 된다. 이러한 사막화 과정을 방지하는 일이 우리가 해야 할 큰 과제의 하나이며, 지금까지 관개와 조림 그리고 신품종 육성을 중심으로 하는 건조지역에서의 농사방법을 개발하려는 여러 방법들이 이용되고 있다.

사막화의 방지 방법으로 최근에 이르러 주목 받기 시작한 것은 이스라엘의 네게브 지역에 살고 있는 아주 작은 달팽이이다. 조사 결과에 의하면 몸길이가 1cm도 채 안 되는 이 달팽이는 석회암 사이에 살면서 바위에 자라는 이끼류를 먹는 것으로 알려졌다. 이끼류는 공기 중에 있는 질소를 받아들여 영양분을 만드는 질소고정능력을 발휘한다. 이렇게 만들어 놓은 식물성 단백질을 달팽이가 먹어서 배설하게 되면, 그 배설물은 양분이 되고 이를 식물이 흡수하여 생장에 이용함으로써 결국에는 사막화 과정을 방지한다는 것이다.

생물의 천이과정에서 맨 처음 나타나는 것이 바로 지의류(地衣類)이다. 지의류는 진균류와 조류(藻類)가 복합체가 되어 생활하는 공생체인데, 진균류의 공생자(mycobiont)는 주로 자낭균류(*Ascomycetes*)이며 담자균류(*Basidiomycetes*)와 불완전균류도 있다. 지의류의 종류는 2만 종이 넘는데 그 가운데 대부분이 자낭

균류와 짝을 이루는 자낭지의류(Ascolichens)이고, 담자균과 짝하는 담자지의류(Basidiolichens)는 20종 내외에 불과하다. 특별한 경우에 불완전균류와 짝을 이루는 불완전지의류(Deuterolichens)도 있다. 지의류는 균류에 중심을 두고 나누며 외형과 구조에 따라 더욱 세분하기도 한다. 또한 지의류의 구성성분을 분류기준으로 이용하기도 하는데 성분은 화학약품에 따른 정색반응과 현미경적인 조사 및 크로마토그래피와 형광분석법 등으로 조사한다.

조류의 공생자(phycobiont) 또는 광생물공생자(photobiont)는 광합성 작용을 하는 원핵세포인 시안세균(cyanobacteria)이거나 또는 녹조류(*Chlorophyta*)의 한 종류이다. 녹조류 가운데 트레북시아(*Trebouxia*)와 시안세균인 노스톡(*Nostoc*)이 가장 흔하게 나타나는 종류들이다. 이들 지의류는 두 가지 종류가 서로 합쳐져 한 몸인 것처럼 살아간다. 지의류에서 균류는 조류를 둘러싸고 있으면서 균사로 물기를 빨아들여 모아 두고 무기질 영양소를 물과 함께 제공하고, 조류는 균류가 보존하는 물과 햇빛으로 광합성 작용을 하여 생장에 필요한 영양분을 만들고 에너지를 얻는다. 광합성을 하는 시안세균의 경우에는 질소고정도 함께 하면서 살아간다. 이들 공생체에서 조류는 혼자서도 살 수 있으나 균류는 혼자서는 살아가지 못한다는 것을 실험적으로 알 수 있다. 따라서 균류가 조류에 기대어 산다는 것이 바른 표현이지만 일반적으로 대부분의 지의류는 각각 단독으로 살 수 없는 생물이 공생을 통하여 훌륭히 살아가는 대표적인 예로 꼽히고 있다.

지의류는 황량한 해안의 암석이나 다른 식물이 살 수 없는 극지나 고산에서 드러난 바위에 붙어 산다. 지의류는 매우 느리게 성장하지만 극단적으로 불리한 환경에서도 잘 견디어 내는 강인한 생활력을 가지고 있다. 또한 지의류는 헐벗은 암석지대나 거친 토양에서는 다른 식물체보다도 먼저 자라나므로 생태계에서 생물의 초기 정착에 커다란 기여를 하고 있다. 이처럼 지의류는 토양생성의 초기에 중요한 역할을 하게 된다. 그러나 지의류는 일반적으로 생산력이 높은 생태계에서는 무기물의 순환에 큰 역할을 하지 않는다. 이끼는 선태류인데 습기가 많은 축축한 곳에서 사는 것이 보통이며 지의류가 만들어 놓은 토양에서 살아가는 경우도 쉽게 볼 수 있다. 지의류 중에서 바위 면이나 나무껍질에 붙어 위로는 자라지 못하고 옆으로 퍼져서 바위 무늬처럼 보이는 것을 고착지의(*Crutose lichenes*)라고 하는데, 이것을 보통 석화(石花)라고도 부른다. 또한 돌버섯(石耳)처럼 잎 모양으로 생겼으며 뒷면에 고착부가 있어 바위면에 고정되는 것이 엽상지의(*Foliose lichenes*)이며, 수상지의(*Fruiticose lichenes*)는 원대가 자라면서 옆으로 갈라져 나무처럼 보이는 것이다.

지의류는 독자적으로 살아가기 힘든 나쁜 환경에서도 공생체로서 살 수 있으나 산성비에 민감하게 반응하여 죽어버리므로 공기오염의 '지표종(指標種)'으로 활용되기도 한다. 맑은 물에 사는 산천어, 피라미, 플라나리아 등을 보고 깨끗한 물이라는 것을 알고 실지렁이를 보고 오염된 물임을 알 수 있듯이 이렇게 죽어 가는 지의류는 공기오염상태를 가리킨다. 그것은 지의류가 깨끗한 공기에서는 정상적으로 살아가지만 아황산가스(SO_2)에 의한 공기오염이 시작되면 조류공생자의 엽록소가 파괴되므로 정상적으로 자라지 못하고 생육에 지장을 받아 죽어버리기 때문이다. 따라서 도시 근교에서의 지의류 숫자는 맑은 공기로 덮인 산과 들에서보다도 훨씬 적은 경향이 있다. 은행나무가 가로수로 많이 이용되는 것도 공해에 버티면서 살아가는 끈질긴 생명력을 보여 주기 때문이다.

● 많이 씹을수록 좋다

소나 말, 코끼리 같은 초식동물은 풀밖에 먹는 것이 없으면서도 커다란 몸체를 잘도 유지하면서 튼튼하게 살아가고 있다. 우리는 밥만 먹고는 살 수 없으며 고기와 생선, 달걀과 우유, 그 밖에 채소와 해조류 등의 여러 가지 식품을 골고루 섭취하여야 한다. 초식동물의 위와 장 안에는 풀만 먹더라도 이것을 분해할 수 있는 수십 가지의 미생물들이 엄청나게 많이 들어 있다. 미생물들의 전체 집단은 실험실에서 배양된 세균배양액과 거의 같은 정도로 1ml에 10^{10}의 세균수를 헤아릴 정도로 많이 있다. 이렇게 많은 미생물들은 공생체 안에 들어앉아 공급되는 식물질로부터 필요한 영양분을 만들어 살고 있다. 한편 초식동물은 미생물의 일부를 소화함으로써 필요한 단백질 공급원으로 이용하는 것이다. 그러나 사람들은 이렇게 편리한 미생물들이 몸 안에 들어 있지 않기 때문에 동물성 음식을 먹음으로써 필요한 단백질을 섭취할 수밖에 없는 것이다.

소 과(科), 사슴 과, 낙타 과, 기린 과에 속하는 초식동물의 위장은 풀을 먹고도 소화시키기 알맞게 갖추어져 있다. 이들 동물의 위는 보통 4개의 방으로 나뉘는 되새김위(반추위, 反芻胃)를 가지고 있다. 낙타과와 애기사슴과에 속하는 동물에서는 셋째 위와 넷째 위가 완전히 분화되지 않고 흔적만 남아 있으므로 완전히 4개의 방으로 나뉘어 있지는 않다. 이렇게 되새김위를 가지는 동물을 되새김동물(반추동물, ruminant)이라고 부른다. 반추동물은 자신이 셀룰로오스(cellulose)를 분해할 수 있는 효소를 만들어 내지는 않는다. 따라서 외부공생체(exosymbiont)가 지닌 섬유소의 분해 능력을 이용하게 된다. 이렇게 공생관계를 유지하는 세균의 생육에는 혐기적 환경과 함께 섬유소가 영양원으로 필요하다.

되새김위에는 우선 먹은 풀을 충분히 넣어 두는 커다란 첫째 위인 혹위(rumen)와 벌집과 같은 모양의 내벽을 가진 둘째 위인 벌집위(reticulum), 점막이 주름 모양으로 된 세 번째 위인 겹주름위(omasum) 그리고 위액이 분비되는 네 번째 위인 주름위(abomasum)의 4개 방으로 구성되어 있다. 혹위는 4개의 방 가운데 가장 큰 것으로 소의 경우에는 150~200리터(ℓ)의 용량을 자랑한다. 소는 혹위에 먼저 저장된 풀을 토해 내어 40~60번이나 잘 씹어 삼키는데 40~50분 사이에 이 동작을 반복하고 하루에도 몇 번이고 되풀이한다. 혹위는 원생동물과 세균을 비롯한 많은 종류의 미생물들이 가득 들어찬 일종의 커다란 배양용기이다. 혹위 속의 미생물들은 공생하면서 39℃, pH 5.0~7.0 그리고 혐기적인 조건에서 셀룰로오스를 글루코오스(glucose)나 셀로비오스(cellobiose)를 비롯한 단당류나 이당류로 분해시키고, 이것을 다시 간단한 유기산(acetic, butyric, propionic acid)과 탄산가스 메탄가스로 발효시키기도 한다. 반추동물은 이들 미생물들이 수적으로 엄청나게 많으므로 단백질원으로도 이용하고 있다. 두 번째 위에서는 수축과 이완운동을 통하여 혹위로부터 내용물이 빨려 들기도 하고 내용물이 뭉쳐져 다시 첫째 위로 보내지기도 한다. 잘 씹혀진 내용물은 세 번째 위에 옮겨져서는 가늘게 부셔져 네 번째 위로 이동되는데 비로소 여기에서 위액이 분비되어 소화된다. 처음 두 개의 방은 식도가 변화된 것이고, 나중의 둘은 원래의 위이다. 위를 벗어난 내용물은 몸길이의 20배나 되는 장으로 옮겨져 철저하게 영양분이 흡수되는 것이다. 사람의 경우에도 채식위주의 식생활을 하는 사람들의 장의 길이가 육식위주 사람들의 장 길이와 비교하면 더 길다는 말도 전혀 터무니없는 이야기는 아니라고 이해할 수 있다.

반추동물의 중요한 구조적인 변화로는 타액선이 효소를 분비하지 않는다는 점과 에너지생성물질은 당이 아닌 저급지방산이라는 점이 특징이다. 따라서 반추동물은 다른 동물들보다도 빨리 지방산을 흡수하도록 효소구성을 달리하고 있다. 또한 아미노산이나 비타민은 먹이로 섭취하는 것이 아니라 미생물균체로부터 얻는 것이 특징적이다. 혹위에는 몇 종의 셀룰로오스 분해세균이 알려져 있는데 다른 혹위의 미생물들과 같이 모두 절대혐기성균이다. 그렇지만 세균집단의 대부분은 셀룰로오스를 분해하지는 않는다. 이들은 셀룰로오스 분해균에 의해 생성된 포도당이나 셀로비오스(cellobiose)를 재빨리 이용하므로 섭취효율이 높다.

반추동물들은 비교적 순한 성격의 동물로서 육식동물의 먹이가 되는 것이 많다. 이들은 이른 아침이나 해질 무렵에 또는 작은 동물은 야간에라도 많은 양의 식물체를 먹어서 첫 번째 위에 저장해 두었다가 안전한 장소에서 천천히 되새김하여 소화 · 흡수한다. 되새김을 하는 동물의 새끼가 갓 태어나면 이렇게 되새김에 필요한 미생물들이 정착되어 있지 않으므로 어미는 새끼에게 많은 양의 침을 흘려 넣어 주면서 필요한 미생물을 넘겨준다. 젖을 찾아 뒤쪽으로 돌아서려는 송아지에게 침을 흘리며 입을 맞추는 어미 소의 모습을 종종 볼 수 있다. 이러한 어미 소의 노력으로부터 우리는 되새김위를 가진 동물들이 어떻게 새끼를 사랑하는지에 대해서도 의미 있게 생각해볼 수 있는 것이다.

고산지대에서 살고 있는 대표적인 야생동물로는 산양과 야생염소가 있다. 무섭게 춥고 바람이 강하게 부는 고산에서도 느긋한 모습으로 살고 있는 이들 동물은 강하고 날카로운 이중 발굽을 가지기에 족집게처럼 바위를 움켜잡을 수 있고, 바위를 건너뛸 때의 충격을 흡수해 주는 발굽 사이와 발바닥의 살 그리고 방수에 알맞은 털가죽이 고산에서의 생활을 가능하게 한다. 이렇게 고산지대에 사는 동물들은 대개가 수컷은 수컷끼리 집단생활을 하는 경우가 많으며, 번식기에 접어들어서는 암컷들과 합하고 수컷들은 짝을 차지하기 위하여 격렬히 싸움을 벌이는데 이때에 흔히 뿔을 사용한다. 뿔은 사람의 손톱을 구성하는 것과 같은 케라틴이라는 물질이며, 사슴이 해마다 뿔을 가는데 비하여 양과 염소의 뿔은 한번 나오면 죽을 때까지 이어진다. 따라서 뿔에 나타나는 테의 숫자는 그들의 나이를 말해 주고 있다. 그뿐만 아니라 이들은 4개의 위를 가지는 반추동물로 음식의 찌꺼기나 거친 나뭇가지 같은 거친 식물성 먹이를 쉽게 소화시킬 수 있다. 이러한 고산지대에서 살아가는 동물들이 그들 주위의 환경에 맞추어 살아가는 모습은 정말로 놀라운 일의 하나이다.

● 콩과식물과 뿌리혹박테리아는 한몸이다

공생관계에서 이롭고 해로운 정도가 명확히 구분되는 것은 아니지만 그래도 상대방에게 어느 정도의 이로움을 주게 되는 상리공생(相利共生, mutualism)은 그 예가 대단히 풍부하다. 공생관계에서는 먹이 제공, 보호, 장소 제공, 이동 수단, 해충 제거, 생식과 번식 조건 제공 등의 여러 가지 점을 서로 이용하게 된다.

식물은 뿌리를 흙 속에 내리고 물기와 양분을 빨아올린다. 그러므로 식물의 뿌리와 흙과의 관계에서는 흥미로운 점들이 많이 있다. 다만 흙 속에서 일어나는 일이라 자세히 살펴보지 않고 지나쳐버리는 경우가 많기 때문에 우리에게 잘 알려지지 않았던 것이다. 보리, 밀, 귀리 등의 농작물의 경우에, 이들의 뿌리를 한 줄로 이어놓으면 그 길이는 무려 150~215미터(m)에 달하며, 굵기를 0.1밀리미터로 보아도 흙과의 접촉면은 4.71~6.75평방미터(m^2)에 이르게 된다. 보통 식물이 흙 속의 미생물과의 사이에서 이루어지는 상관관계를 표시하는 토양 미생물 수치(R/S ratio, No. of microbes in Rhizosphere/ soil-free)는 흙과 뿌리 전체 미생물 숫자를 흙이 없이 뿌리에만 관계하는 미생물의 숫자로 나누어본 값이다. 대부분의 식물에서 나타나는 R/S 수치는 보통 5~20에 이르고 있다.

뿌리혹박테리아(leguminous bacteria)는 식물과 미생물과의 사이에서 이루어지는 대표적인 공생관계를 유지하는 리조비움(*Rhizobium*) 속(屬)의 호기성 세균이다. 이것은 다른 말로 '공생 유리 질소 고정균'이라고도 부른다. 보통 콩과식물의 뿌리혹 속에 살면서 유리 질소를 동화하여 콩과식물에 질소화합물을 공급해 준다. 콩과식물은 함수 탄소와 그 밖의 세균 증식에 필요한 영양물질을 공급해 주어 공생관계를 유지한다. 뿌리혹은 한 해 또는 여러 해의 뿌리혹이 있지만 기생하는 식물의 종류에 따라 특이한 모양과 구조를 보인다. 이와 마찬가지로 기생하는 콩과식물의 종류에 따라 뿌리혹박테리아의 종류도 다르다. 미생물학이 발전하면서 1888년에 네덜란드의 바이에링크(M. W. Beijerink)가 이 균을 처음으로 순수 분리했고, 이를 바탕으로 환경미생물학이 탄생했다. 이때만 하더라도 이 균을 한 종으로 생각하였지만 연구가 진행되면서 식물의 종에 따라 기생하는 균의 종류가 다르다는 특이성이 알려지게 되었다. 완두 속(屬)에 기생하는 완두 뿌리혹박테리아(*Rhizobium leguminosarum*), 까치콩 속에 기생하는 까치콩 뿌리혹박테리아(*Rhizobium phaseali*), 전동싸리 속에 기생하는 전동싸리 뿌리혹박테리아(*Rhizobium meliloti*), 개미자리 속에 기생하는 개미자리 뿌리혹박테리아(*Rhizobium trifolii*), 콩 속에 기생하는 콩 뿌리혹박테리아(*Rhizobium japonicum*), 그 밖에도 루핀 뿌리혹박테리아(*Rhizobium lupini*) 등이 알려져 있다.

뿌리혹박테리아는 처음에 간상균의 형태를 가지는 것이 보통인데 나중이 되면 공포(空胞)가 생기거나 작은 공 모양이거나 달걀 모양 등 여러 가지 모양으로 변화한다. 또한 이 균은 0~50℃의 범위에서 생육하는데 20~28℃에서 가장 잘 자라고 흙 속에서도 오랫동안 생존한다. 생육에는 pH 5.4~6.8의 흙이 좋고 호기성이므로 표토층에 많으며 식물의 뿌리혹도 표토 부분에 많이 생겨난다. 고구마나 토마토 등의 뿌리에 선충류가 기생하여 생기는 벌레혹도 뿌리혹이라고 부르기도 하지만, 뿌리혹박테리아와는 그 기능과 작용에서 현저한 차이를 가지므로 혼동해서는 안 된다.

뿌리혹박테리아인 리조비움(*Rhizobium*)이 콩과식물에서 뿌리혹을 형성하는 메커니즘은 매우 복잡하다. 흙 속의 세균은 식물의 뿌리가 분비하는 트립토판을 식물생장호르몬인 인돌아세트산(indoleacetic acid, IAA)으로 전환시키며, 다당류의 협막물질을 세포 밖으로 분비한다. 이 협막물질에 의해서 식물 뿌리는 폴리갈락투로나제(polygalacturonase)라는 효소를 분비한다. 이 효소는 뿌리혹박테리아가 들어갈 때에 도움을 주는 것으로 알려졌다. 뿌리혹박테리아는 IAA에 의해서 비정상적으로 크게 자란 근모 속으로 들어가고 세균과 식물의 유전자가 발현되어 함께 작용하면서 뿌리혹이 형성되는 것이다.

흙은 식량의 증산 외에도 산림녹화, 휴양, 오락시설을 위해서도 대단히 중요하다. 침식작용을 비롯한 중금속 오염 등의 환경오염을 방지하고, 깨끗한 흙을 보전하기 위한 지식과 기술을 개발하여 흙을 보호하며 이용하는 데 노력해야 한다. 예를 들면 예전의 석탄광에서는 석탄을 제외하고 남는 폐기물은 그것이 미치는 영향을 생각하지 않고 아무 데나 버렸다. 마침내 파낼 만한 석탄의 양은 줄어들고 폐기물의 양은 점차 늘어가면서 흙의 역할은 줄어들게 되었다. 이때 과학은 문제점을 안고 있는 흙의 건강을 되찾아 줄 수 있는 방법을 알려 주었다. 모래에 뿌리를 내리고 살고 있는 클로버에는 리조비움(*Rhizobium*) 속의 뿌리혹박테리아가 있는데 사람들로 하여금 이것을 이용하도록 하였다. 사람들은 수많은 종류의 뿌리혹박테리아를 확보하고 적응시험을 거쳐 가장 우수한 종류를 선발하여 이용하였다. 콩과식물의 뿌리에는 식물의 종류에 따라 서로 다른 뿌리혹박테리아가 붙어살기 때문이다. 이들 박테리아는 공기 중의 질소로부터 질산염을 만들어 주기 때문에 식물이 이것을 비료로 이용하여 생장하는 것이다. 사람들은 이렇게 콩과식물을 이용하여 폐기물로만 보이던 곳에서도 식물이 자라게 할 수 있다. 그곳은 앞으로 소나 양을 비롯한 가축을 키울 수 있는 초지가 형성되고 드디어는 사람들도 쾌적한 환경의 푸른 골짜기를 다시 찾을 수 있을 것이다.

● 아름다움은 영양분이 밑거름이다

아름다움을 대표하는 식물인 난(蘭, orchids)은 크게 동양란과 서양란으로 구분한다. 동양란은 우리나라를 비롯하여 중국, 일본 등의 온대지방을 중심으로 자라고 있으며 서양란은 대체로 열대지방을 중심으로 자라고 있다. 이렇게 분포지역과 환경이 다르므로 모양도 서로 다르고 재배방법도 차이가 난다. 서양란은 꽃의 아름다움에 있어서 결코 뒤떨어지지 않으므로 꽃의 여왕으로 자리하고 있다. 그러나 서양란은 모양에 비하여 향기가 없으므로 쉽게 실망하게 된다. 이와 반대로 동양란의 꽃에는 그윽한 향기가 있다. 따라서 동양란은 향기와 함께 잎이 만들어내는 우아한 곡선의 아름다움 때문에 우리나라 사람들은 예로부터 고고한 선비의 기품을 상징하는 꽃으로 사랑하였다.

난을 처음 화초로 가꾸게 된 것은 11세기 말쯤의 중국 송나라 시대로 거슬러 올라간다. 우리나라에서 화초로 가꾸게 된 것도 고려 말로 추정되고 있는데, 고려 말의 문인 이색과 정도전의 문집에 난에 대한 언급이 나타나고 있다. 난이 귀족적인 꽃으로 대접받게 된 것은 선비의 도덕적인 윤리가 강조된 조선시대에 들어서부터이다. 서양란은 그 화려한 자태에 심취된 유럽 사람들이 오래전부터 열대지방으로부터 채집하여 곁에 두고 즐겼지만 그 재배방법이 여간 까다롭지 않아서 일반인들은 쉽게 가까이 할 수 없었다. 따라서 난은 귀족적인 식물로 귀하게 여겨졌으며 온실에서나 재배되었다. 그러한 서양란이 우리나라에 들어오게 된 것은 불과 얼마 되지 않은 시기이며 서양으로부터 들어온 난이라는 뜻에서 서양란이라고 이름이 붙여진 것이다. 난의 재배가 어렵다는 것은 잘 알려져 있다. 따라서 사람들은 '비싼 돈을 주고 난을 사서 얼마나 오랫동안 천천히 죽이는가' 하는 것이 난의 재배라고까지 이야기하기도 한다. 그러나 난의 성질을 알고 정성을 기울이면 그렇게 어려운 것만도 아닐 것이다.

일반적인 난의 재배법으로 동양란은 한 포기씩 심어야 잘 자라고 서양란은 여러 포기를 심어야 잘 자라는 특징이 있다. 그러나 무엇보다도 난의 재배는 난의 재배 환경에 맞는 온도와 습도를 유지하는 것이 가장 중요하다. 대부분의 동양란은 10℃부터 최고 25~26℃를 넘지 말아야 하고 여름에는 그늘지고 통풍이 잘 되는 시원한 곳에서 키우는 것이 중요하다. 서양란은 열대지방의 강렬한 태양 빛을 받으며 자라는 식물이기에 30℃ 가까이 되어야 꽃을 잘 피운다. 난 뿌리는 굵고 두꺼워서 수분의 저장능력이 뛰어나기 때문에 물을 자주 주는 것은 뿌리를 썩게 할 우려가 있으므로 조심하여야 한다. 동양란이나 서양란을 막론하고 난을 기르는 데 가장 어려운 일은 물을 주는 일이다. 누구나 한번쯤 키워보고 싶은 화초인 난은 난이 자라는 환경을 잘 맞추어 주고 정성을 다하여 관리하면 의외로 쉽다.

난과(蘭科, Orchidae)에 속하는 식물은 국화과(科)와 콩과(科) 다음으로 종류가 많은데, 600~800속(屬)에서 15,000~30,000종이나 된다. 난 꽃은 수술이 대부분 퇴화되고 한 개의 암술만 남아 있다. 또한 자방하위로서 자방이 180° 비틀어져 있으므로 정상적으로는 꽃의 위쪽 끝에 있어야 할 순편(lip)이 아래쪽에 위치하는 특징적인 모습을 보인다. 종자 또한 극히 작으며, 0.3~1.4g 정도의 씨방에는 먼지나 가루와 같은 씨가 수십만 개로부터 사백오십만 개나 들어 있다. 이들 씨앗은 배유(胚乳)가 없는 불완전 배(胚)이므로 스스로 발아하기 어렵다. 그러므로 난균이라고도 불리는 뿌리균(菌根, mycorrhiza)은 난에서는 적어도 발아(germination)에 필수적이다. 즉 난의 발아와 초기생장에서 뿌리균은 필요한 양분을 공급해 주기 때문에 중요하다. 자생란이 서식하는 흙 속에는 뿌리균이 존재할 것이라는 사실은 쉽게 추측할 수 있다. 이러한 뿌리균, 즉 난균의 발견은 그동안 어려웠던 난의 재배에 커다란 도움을 주게 되었다.

포미스(*Fomes*)나 아르미라리아(*Armillaria*) 속(屬)의 뿌리균은 셀룰로오스(cellulose)와 리그닌(lignin) 등을 간단한 물질인 단당류로 분해하여 난이 쉽게 이용하도록 해준다. 이렇게 곰팡이인 뿌리균은 식물의 뿌리와 공생관계를 유지하면서 균사를 뿌리 안으로 뻗어 생장에 필요한 양분을 상대방에게 제공해 주는 것이다. 이러한 뿌리균은 형태에 따라서 뿌리 바깥쪽에 퍼져 있는 겉뿌리균(Ectomycorrhyzae, 外生根菌)과 뿌리 안쪽에 모여 있는 속뿌리균(Endomycorrhizae, 內生根菌)으로 구분되지만 때때로 안쪽과 바깥쪽에서의 중심이 명확히 구분되지 않는 겉속뿌리균(EctEndomycorrhizae)으로 크게 구분할 수 있다.

겉뿌리균(Ectomycorrhyzae)의 경우는 참나무 류, 너도밤나무, 자작나무와 침엽수 등의 뿌리에서 피층세포(cortical cell) 사이를 뿌리 외부로부터 균사(fungal hypae)가 뻗어 들어간다. 어떤 경우에는 혹(nodule)을 만들기도 하는데, 대체로 덮개(sheath)로 보는 것이 좋다. 겉뿌리균 가운데에는 자낭균에 속하는 식용버섯도 알려져 있다. 담자균의 볼레투스(*Boletus*) 속(屬)에 포함되는 아마니타(*Amanita*)는 중온균으로 15~30°C에서 자랄 수 있고, 보통 pH 4~6 정도이지만 경우에 따라 pH 3 이하에서도 자랄 수 있는 내산성 종류이다. 이들 뿌리균은 글루코오스(glucose)를 비롯한 단당류나 이당류를 생산하여 식물에 공급하면서 생장호르몬(auxin, gibberellin, cytokinin)과 비타민, 항생물질, 지방산, 셀룰로오스(cellulose) 등의 대사물질을 분비하기도 하지만 기주에 의해서 억제된다. 이들은 유기영양물질을 식물로부터 얻어 내며, 식물의 잔뿌리는 뿌리균의 생장호르몬에 의한 영향으로 생장 및 생존기간이 연장된다. 한편 난균의 덮개에서 흡수하여 축적된 인산(P)과 칼륨(K) 이온은 식물로 이동하여 이용된다. 그 외에도 뿌리균과 식물의 공생관계는 또 다른 장점이 있는데, 겉뿌리균을 가지는 식물은 병원균에 대해서도 어느 정도의 저항성을 가진다. 그것은 겉뿌리균이 만드는 덮개가 병원균의 침입을 차단시키고, 겉뿌리균이 생산하는 휘발성의 유기산이 어느 정도 살균효과를 나타낼 수 있기 때문으로 보인다.

뿌리균 가운데 속뿌리균(Endomycorrhizae)의 경우에는 진달래 과(Ericaceae)의 식물이나 만병초, 히이드, 월계수, 석남 등을 비롯하여 많은 난 과(科)의 식물에서 찾아볼 수 있다. 아르밀라리아(*Armillaria mellea*), 라이족토니아(*Rhizoctonia solani*)같은 뿌리균의 균사는 식물 뿌리의 표면으로부터 피층세포에까지 들어가서 조금 지나면 균사가 발육하고, 분해되지 않은 균사가 세포 안에서 덩어리로 뭉쳐진다. 그리고 식물의 뿌리가 자라면서 난균은 또한 새로운 세포에 들어가 증식하게 된다. 이렇게 증식해 가는 뿌리균의 모양은 마치 나무가 가지 친 모양처럼 보이고 균사의 끝은 살짝 부풀어 오른 것처럼 보이므로 이것을 V-A 형태(vesicular-arbuscular type)라고 부르기도 한다. 물론 속뿌리균 균사의 일부는 분해되므로 영양물질과 비타민 등의 물질교환이 식물과 난균 사이에서 이루어지기도 한다. 이러한 뿌리균은 특별히 V-A 뿌리균(V-A mycorrhyza)으로 알려져 있다.

V-A 형태의 공생관계는 밀, 옥수수, 감자, 콩, 토마토, 딸기, 사과, 감귤, 포도, 목화, 담배, 차, 커피, 카카오, 사탕수수, 사탕단풍, 고무나무, 개암나무(hazel shrub), 인동덩굴(honey suckle) 등의 많은 농작물의 경우에서 찾아볼 수 있다. 특히 이들은 순수배양이 쉽지 않으므로 재배 방법에 따라 농업적으로 이용하면서 비료를 절감하는 효과를 기대할 수 있다. 이들 미생물들은 식물의 뿌리와 관계있는 것이므로 뿌리균(根菌)이 쉬운 말이지만, 일반적으로 미생물과 식물 뿌리라는 의미에서 오래전부터 균근(菌根)이라고 많이 불리고 있다. 그러나 균근이라고 부르면 미생물이라는 의미가 약해지므로 균근균(菌根菌)이라고 미생물임을 강조하여 부르는 경우도 있다. 뿌리균은 또한 난과 식물에서 처음 알려졌기에 난균(蘭菌)이라고도 부르지만 점차 이들의 공존(association)관계는 난뿐만이 아니라 소나무, 참나무, 히코리, 너도밤나무를 비롯한 많은 식물의 경우에서도 찾아볼 수 있기 때문에 '식물의 뿌리와 관계있는 미생물'이라는 의미에서 "뿌리균(根菌)"이라는 용어와 함께 "균근(菌根)"이라는 용어가 함께 쓰이고 있다. 소나무 밑동 근처에는 송이버섯이 자란다. 낙엽과 고운 흙을 헤치며 버섯의 뿌리처럼 얽혀 있는 균사를 더듬어 가

면 소나무 뿌리와 연결된 것을 볼 수 있다. 이렇게 소나무의 뿌리균이 바로 송이버섯임을 우리는 오래전부터 알고 있었다.

● 미생물과 흰개미의 관계

흰개미(termite)는 많은 사람들이 생각하기를 집을 갉아먹는 해충이라고 여기지만, 열대지방에 사는 흰개미의 한 종류는 나뭇조각과 흙을 재료로 탑을 세우고 그 안에서 살면서 사람들에게는 거의 해를 끼치지 않는다. 탑 중에서도 제법 큰 것은 높이가 6m나 되고 그 안에는 200만 마리나 되는 흰개미가 평생 밖으로 나오지도 않고 체계적으로 살고 있다. 탑의 내부에는 완벽한 온도조절장치를 마련하고 바깥 날씨와 상관없이 항상 쾌적한 생활을 한다. 이러한 온도조절장치의 핵심은 40cm나 되는 두꺼운 벽과 지하에 뚫어 놓은 우물, 그리고 굴뚝처럼 뚫어 놓은 수많은 구멍들이다.

흰개미는 우리가 흔히 땅 위에서 볼 수 있는 개미의 종류는 아니다. 원래는 우리나라의 토착생물이 아니었지만 근대에 들어서면서 목재 속에 함께 섞여 들어와 정착된 도입해충의 하나이다. 생물의 어떤 종이 다른 종에 실려서 운반되는 과정을 수반이동(phoresis)이라고 부른다. 곤충과 벌레의 경우 수반이동이 이루어지는 예를 흔히 볼 수 있지만, 간혹 딱정벌레와 장수말벌이 들어 있는 호박(琥珀)에서 진드기나 선충들이 묻어 있는 것을 발견하게 되는 경우도 있다. 이것은 우리가 자세히 알지 못하던 오래전에도 이미 생물의 세계에서는 생물의 이동이 지금처럼 이루어졌다는 것을 보여 주는 것으로 정말 흥미로운 일이라 하겠다.

미생물과 곤충의 공생관계는 흰개미류에서 잘 나타나고 있다. 화석에서 나타나는 증거를 더듬어 보면 흰개미와 바퀴벌레는 약 3억 년 전에 공통의 조상으로부터 분리되었다. 흰개미 가운데 가장 더디게 진화한 마스토테르메스(*Mastotermes*)는 흥미롭게도 바퀴벌레의 내장에서와 똑같은 공생세균을 가진다. 그리고 마스토테르메스는 셀룰로오스를 분해하는 편모원생동물을 함께 소화관의 후장(hindgut) 안에 보유하므로 목재를 먹고 소화할 수 있다. 그러나 이들보다 좀 더 진화한 흰개미는 소화관 안에서 공생세균이 없어졌으므로 공생기능을 모두 편모원생동물에 의존하고 있다.

흰개미는 햇빛이 비치지 않는 썩은 목재 속에 집을 짓고 다른 개미들처럼 역할을 분담하면서 집단으로 모여 살고 있다. 특히 이 흰개미는 미생물과 공생관계를 유지하는 방법으로 영양분을 얻는 독특한 생활양식을 보여 주고 있다. 흰개미 목(目)(Isoptera)에 속하는 흰개미의 소화관에서 내장에 해당하는 후장(hindgut) 안에는 트리코님파(*Trychonympha*) 속(屬)의 원생동물이 살면서 섬유소를 분해하고 있다. 또한 흰개미의 소화관 안에는 바실러스(*Bacillus*), 박테로이드(*Bacteroides*), 장내세균(*Enterobacteria*), 스피로헤타(*Spirochaetes*), 포도상구균(*Staphylococcus*), 연쇄구균(*Streptococcus*) 등의 임의적이거나 완전한 혐기적인 조건에서 살아가는 세균들에 의해서 목재를 구성하는 섬유소가 아세테이트(acetate)와 이산화탄소(CO_2) 및 수소(H_2) 가스로 발효되거나 또는 다른 여러 가지의 지방산과 단당류, 이당류, 과당류로 분해되면서 흰개미의 에너지원으로 흡수되어 이용된다. 또한 소화관 안의 요산(uric acids)은 박테리아류(*Bacteroides*)에 의해 질소고정 과정을 거치면서 재순환되는데, 이렇게 필요한 모든 물질은 버리지 않고 알뜰하게 이용하는 모습을 살펴볼 수 있다.

공생미생물이 제공해 주는 생장소의 합성과 셀룰로오스의 분해 능력은 흰개미로 하여금 새로운 생태적 지위를 차지할 수 있게 하였다. 흰개미가 수액을 흡수하고 목재에 구멍을 뚫고 살아갈 수 있게 된 것은 바로 공생미생물을 다음 세대로 전해 주는 방법이 확립되었기에 가능하였다. 흰개미의 새끼가 알에서 깨어나면 필요한 공생미생물이 새끼의 몸에는 들어 있지 않다. 그러므로 어미는 새끼에게 자기의 배설물을 먹이면서 필요한 공생미생물을 몸 안에 정착하게 해준다. 이것은 어미 소가 송아지의 입에 침을 흘려 필요한 공생미생물을 넣어주는 것과 다를 바 없다. 이렇게 모든 생물은 자기가 살고 있는 환경 속에서 나름대로 가장 편안한 방법을 터득하여 살아간다. 공생 미생물의 관점에서 보더라도 자유생활 상태에서 생기는 증식의 어려움을 극복하고 흰개미의 몸 안에서 안정된 생활을 하는 진화적인 변화를 받아들인 것이다.

공생미생물이 숙주의 외부에 서식하는 경우가 있다. 이러한 경우를 상호외부공생이라고 한다. 흰개미의 소화관에 서식하는 편모성 원생동물 중 그 표면에 스피로헤타의 피막을 갖고 있는 것에서 그 예를 찾을 수 있다.

또한 외부공생 중에서 주목할 만한 예의 하나로 흰개미(*Termes*)에 의해서 이루어지는 진균 배양의 경우를 들 수 있다. 흰개미는 둥지 속에 균원(菌園, fungus garden)이라는 특별한 방을 마련하고 있으며, 어린 흰개미 애벌레는 그 안에서 재배되는 균을 먹고 자란다. 이러한 습성은 사람들이 텃밭에서 채소를 재배하는 것과 매우 닮았으며 실제로 이러한 행동은 공생관계의 특수한 예이다. 이러한 공생관계에서 흰개미에 의해서 잡아먹히는 균은 공생하는 공동체의 일부로 보기에는 다소 모순이 있다. 그러나 미생물의 입장에서는 개체가 중심이 되지 않고 집단이 우선이기 때문에 흰개미에 의해서 재배되는 진균의 집단은 일부가 먹이로 이용되더라도 그 집단은 집단으로서 항상 유지되고 생존의 이익을 얻고 있으므로 공생으로 보아도 큰 무리는 없다.

이렇게 공생하는 미생물들은 여러 종류의 동물에서 몸 겉쪽이나 입안, 내장 또는 위 안에 서식하면서 동물의 생장과 생활에도 중요한 영향을 미치고 있으며, 그러한 공생관계에서 자신은 또한 새로운 환경에 적응해 살아가는 신비로운 자연 세계의 일면을 보여 주고 있다.

Ⅳ. 생물과 새로운 환경

생물과 환경

생물들이 나타내는 생명현상의 대부분은 화학반응을 기본으로 이루어지는 경우가 많고 또한 여러 가지 물리적 환경요인이 생물의 행동에 큰 영향을 미친다. 생물들이 살고 있는 생태계를 구성하는 생물적인 요인은 영양물질과 에너지의 흐름을 중심으로 생산자와 소비자 그리고 분해자로 구분할 수 있다. 무생물적인 요인으로는 매질을 구성하는 물, 공기, 흙이 있고, 기층을 형성하는 암석, 자갈, 모래가 있다. 또 환경구성물질로는 이산화탄소(CO_2), 산소(O_2), 물(H_2O), 무기물, 유기물이 있고 기후조건으로 온도, 습도, 바람 등을 꼽을 수 있다. 대부분의 환경요인은 생물적인 요인과 무생물적인 요인으로 크게 나누어지는데, 주로 무생물적인 요인을 중심으로 이루어지는 환경을 좁은 의미의 환경이라고도 말한다. 이 글에서 주로 다루어지는 무생물적인 좁은 의미의 환경요인에 대하여 생물들이 어떻게 반응하면서 넓은 뜻의 환경을 이루어 가는지 살펴보는 것도 매우 흥미로운 일이다.

환경요인의 영향을 받고 이에 대해 반응하는 것은 생물들이 살아가는 동안에 갖추고 있어야 하는 생활방식이거나 또는 적응능력이다. 새들은 중력을 이기면서 마음대로 하늘을 날기 위하여 얼마나 많은 노력을 기울였을까? 비상력을 높이기 위하여 가벼운 깃털을 이용하고, 뼈의 구조는 파이프 속에 철선을 얽어맨 것처럼 독특하게 만들고, 심지어는 몸무게를 줄이려고 교미기 외에는 생식기도 퇴화시키는 대단한 노력을 기울이는 것이다. 마찬가지로 물속에서 살아가는 물고기들이 수압을 이기고 속력을 내고자 몸의 형태를 유선형으로 바꾸고 표면에 점액을 분비하여 물과의 마찰력을 줄이는 노력을 기울였다. 또한 물고기들이 수온을 느끼고 먹이를 찾아 모이는 현상은 설명하기조차도 신비로운 생명현상들인 것이다. 땅 위에 사는 대부분의 동 · 식물들도 주위의 기후 조건들을 이겨 내면서 생명현상을 지속하고 있다. 식물이 햇빛을 받아 광합성을 함으로써 무한한 햇빛에너지를 효율적으로 이용하여 자신에게 필요한 양분을 만든다는 사실과 동물들이 온도 상승을 느끼고 성호르몬을 분비하여 번식을 꾀하고 생활의 활기를 나타내는 등의 행동은 모두가 환경 속에서 각각의 생물들이 보여 주는 신비로운 생명현상들이다.

식물이든 동물이든 모든 생물은 마치 계절이 바뀌어 겨울이 다가온다는 사실을 미리 알고 행동하는 것처럼 여겨진다. 모든 동물과 식물들은 먹이와 수분의 부족 그리고 기온이 떨어지는 것을 느끼고 겨울의 혹독한 추위를 대비하는 것으로 보인다. 그러나 실제로 동 · 식물들은 사람들과는 달리 미래의 일을 알고 행동하는 것은 아니다. 동물들은 겨울의 추위보다도 오히려 일조량의 변화에 더욱 민감하게 반응하여 행동하는 것이다. 특히 계절이 바뀌는 온대지방에서는 늦여름부터 가을에 걸쳐 일조시간이 급작스레 짧아진다. 물론 이러한 변화는 지구의 공전에 따라 매년 주기적으로 일어나고 있다. 동물들은 이러한 변화를 느끼고 스스로 다양한 기능을 발휘하면서 일조량의 변화에 맞추어 대비한다.

동물 중에서도 가장 진화한 종류인 조류(birds)나 포유류의 경우에는 뇌의 분비중추인 시상하부(視床下部)에 낮의 길이를 기록하는 기능이 있다. 시상하부에서 분비되는 호르몬이 동물 체내의 각 기관에 신호를 보내어 기능을 발휘하게 하는 것이다. 6월 중의 하지를 경계로 해서 조금씩 낮 시간이 짧아지고, 9월에 들어서서 추분이 지나면 일조시간도 급격히 줄어든다. 매일매일 줄어드는 일조량의 변화는 동물의 뇌하수체와 갑상선 호르몬에 영향을 주어 탈모(脫毛)가 시작되고 털갈이가 시작되는 것이다. 토끼의 경우를 보더라도 털이 빠지면서 새하얀 흰색의 털이 돋아나 겨울채비를 갖추는 것이다. 일반적으로 토끼는 여름철에는 다갈색의 털을 가지고 있다가도 겨울이 가까워 오면 흰색의 털로 털갈이를 하게 된다. 토끼를 우리에 넣어 두고 햇빛을 가린 채 매일매일 조금씩 일조량을 줄여 가면 한여름에도 흰색의 털을 갖추게 되는 것을 볼 수 있다. 들꿩과에 속하는 뇌조(雷鳥)도 여름과 겨울에 깃털의 빛깔이 바뀐다. 여름 깃털은 등 · 가슴 · 겨드랑이에 걸쳐 흑갈색으로 바뀌는데, 황갈색의 작은 반점들이 산재해 있으며 배와 날개는 흰색이다. 겨울 깃털은 꽁지 양쪽만 검게 남고 모두 흰 깃털로 바뀐다.

극지방에 사는 동물들에게는 추운 기간 동안에 적절한 체온을 유지하는 것이 매우 중요하다. 어떻게 하면 몸에서 발산되는 열을 줄이고 보존할 것인가에 대하여 동물들은 보다 적극적으로 대처하고 있다. 북극여우의 털은 몸을 따뜻하게 해주는 것은 아니지만, 겨울철에 더욱 길고 조밀한 털을 갖춤으로써 털 사이에 보다 많은 공기를 담아 단열효과를 높이고 열의 발산을 막는다. 경우에 따라서 몸체를 부르르 떨면서 근육운동을 하여 발산되는 열로 체온을 높이기도 한다. 추운지방의 겨울철에 사육되는 동물의 모피가 더욱 상품(上品)으로서의 품질을 나타내는 것도 바로 이와 같은 이유에서이다.

차가운 물속에서 생활하는 동물들도 몸의 중심부에서 떨어진 부분을 도는 피를 통해서 빼앗기는 열을 줄여 주는 특수한 시스템을 갖추고 있다. 혈액이 심장부에서 멀리 떨어진 곳을 돌 때에는 미리 온도를 떨어뜨리고, 혈액이 심장부에 가까이 올 때에는 다시 정상으로 되돌려 주는 역류교환시스템이 바로 그것이다. 이러한 동물들은 또한 혈액이 차가운 온도에서도 제 기능을 발휘할 수 있도록 부동액효과를 나타내는 당단백질(glycoprotein)을 생산한 후, 이를 혈액 속으로 방출하여 추위에 대비하는 시스템도 함께 가지고 있다.

모든 동물이 추위를 이겨 내는 단열방법을 가지지는 않는다. 추위가 다가오면 생물들은 대사율을 높여 체온을 높이거나, 따뜻한 곳으로 서식처를 옮기거나, 혹은 겨울 동안 움직이지 않고 추위가 지날 때까지 견디어 내기도 한다. 우리는 이러한 동물의 생활방식을 특별히 겨울잠(冬眠)이라고 부른다. 겨울잠을 자는 동물들은 겨울잠에 들어가기 전에 나무 열매는 물론이고 먹을 수 있는 것은 가리지 않고 부지런히 먹어서 체내에 지방층을 늘려 나간다. 가을철에 무르익는 식물의 열매는 동물들에게 가장 중요한 식량이 된다. 나무 열매를 먹고 사는 동물은 숲의 식물에게도 많은 도움을 주고 있다. 열매를 먹는 새는 열매의 살만 먹고 남는 씨를 나무 스스로는 도저히 다다를 수 없는 먼 장소에 배설물과 함께 떨어뜨려 씨를 퍼뜨려 주기 때문이다. 다람쥐의 경우에도 나무 열매를 겨울철의 먹이로 이용하고 있다. 그러나 종종 저장식량으로 묻어 두었거나 나뭇잎으로 덮어 두었던 나무열매가 겨울이 지나고 이듬해 싹이 터서 어린 나무로 자라나기도 한다.

지구에는 6속 7종의 곰 종류가 살고 있는데, 이 가운데 불곰 다음으로 큰 몸을 가진 백곰은 북극지방의 얼음 위에서 생활하며 무게가 700kg까지 나가는 것도 있다. 하루에 6~8kg 정도의 먹이를 먹는 것이 보통이지만 포식할 때에는 40kg까지도 먹어치우며 남아도는 양분은 몸 안에 지방으로 축적한다. 특히 여름철에는 추운 겨울을 이겨 내기 위해서 물범, 물고기 등의 고기는 물론이고 해초며 조개류 등까지 그야말로 닥치는 대로 먹어 두어 피하지방을 10~15cm 정도로 두껍게 만들어 놓는다.

우리나라에 사는 반달곰을 위시한 육지에 사는 곰들은 자연에서 찾을 수 있는 먹이가 부족하면 사람들이 사는 마을 근처까지 어슬렁거리며 내려와 먹이를 찾는데, 이것도 모두 같은 이유 때문이다. 겨울잠을 자는 동물들은 날씨가 추워지면 자연스레 겨울잠을 자는 것처럼 보이지만, 실제로는 곰의 피하지방(皮下脂肪)이 두꺼워지는 것이 겨울잠을 자기 위한 가장 중요한 조건이다. 먹이를 찾을 수 없는 겨울 동안에 살아남기 위해서는 가을에 접어들 무렵부터 먹을 것을 부지런히 먹어 두어 두꺼운 지방층을 형성함으로써 겨울 동안 잠을 자더라도 굶어 죽지 않게 대비한다.

개구리나 뱀과 같은 양서류 및 파충류는 변온동물이므로 주위의 온도가 내려가면 체온도 내려간다. 따라서 낮은 온도에서는 원활한 생리작용이 이루어지지 않으므로 계속해서 겨울잠을 자게 된다. 그렇지만 곰이나 박쥐 등은 항온동물(또는 온혈동물)이므로 겨울에도 일정한 체온을 유지해야 할 필요가 있다. 다시 말하자면 겨울 동안에는 되도록이면 따뜻하고 포근한 장소에서 거의 움직이지 않으면서 체력을 유지해야 하는 것이다. 그러므로 곰과 같은 동물은 추운 겨울에 겨울잠(冬眠)을 잘 때에 대사를 줄이고 최소한의 체온을 유지하면서 추운 겨울을 나는 지혜를 보여주고 있다. 그러나 동물원의 곰은 먹이를 찾아 돌아다닐 필요가 없으므로 피하지방을 만들지 않고 따라서 겨울잠도 자지 않는 것이다.

변화를 이기는 생물의 지혜

추운 겨울을 겨울잠으로 이겨 내는 동물들과 비교해서 높은 온도와 건조한 기후를 이겨 내며 살고 있는 동물들도 있다. 사막에서 살고 있는 동물들은 수분의 중요성을 알고 아무리 덥더라도 수분의 배출을 최소한으로 줄이면서 그늘이나 땅 속에서 지내며 더위를 이겨 내는 지혜를 보여준다. 경우에 따라서 수분의 소비가 많은 낮 시간을 피해서 밤 시간을 주로 이용하는 야행성 동물도 있다. 또한 동물들이 생활하는 동안에 물을 보충하지 않고도 지낼 수 있는 캥거루 쥐(kangaroo rat)와 같은 종류는 특별히 먹이를 산화시킬 때 발생하는 수분을 버리지 않고 재활용하는 생리적인 특성을 갖추고 있다.

건조한 지방에 사는 식물들은 어떠한 방법으로든지 수분의 증발을 억제할 수 있는 방법을 가지고 있다. 수분의 증발을 줄이고자 잎이 가시로 퇴화된 식물도 있고, 심지어는 안개로부터 수분을 흡수하여 생활하는 식물도 있다. 사막과 같은 건조지역에 사는 식물들은 잠깐 동안에 내린 빗물을 인식하고 모래흙이 젖어 있는 동안 자라나서 순식간에 꽃을 피우고 열매를 맺어 자손을 퍼뜨리는 경우도 있다.

건조지대에서 사는 식물 중 대표적인 것으로는 '솔방울식물'이 있다. 필요하지 않다고 생각되는 나무줄기의 일부를 스스로 꺾어버리고 딱딱하고 매끈한 껍질로 줄기를 뒤집어쓰면서 수분증발을 최소한으로 줄이는 나무가 있다. 부시맨은 이러한 나무줄기의 속 부분을 파내고 화살통으로 이용하므로 '화살통나무'라는 이름으로 불린다. 특이한 모습으로 건조지대에서 살아가는 '창문식물'이 있다. 콩알 모양의 둥근 모습이 덩어리로 뭉쳐진 온 몸을 모래흙 속에 묻은 채 유리막 같은 윗부분을 통해서 햇빛을 받아들인다. 바람에 실린 모래가 윗부분을 덮어버리기도 하지만, 다시 바람이 모래를 흩뜨리면 돔 모양의 윗부분 창문으로 비쳐 오는 햇빛을 받아

돔 안에서 광합성작용을 하면서 살아가는 이 창문식물은 가장 그럴듯하게 붙여진 이름이라고 본다.

사막에서 살고 있는 생물들은 대부분 환경에 적응할 수 있도록 특별한 모습을 갖추고 있다. 예를 들자면 낙타의 혹과 발굽이 그렇고, 식물의 잎도 물기의 증발을 억제하는 구조를 갖추고 있는 경우가 많다. 그러나 사람들은 특별한 몸의 구조나 모습을 바꾸지 않은 채 사막에서도 생활할 수 있다. 그렇지만 모든 원칙에는 예외가 있듯이 칼라하리 사막에 살고 있는 부시맨 족(族)이라고 불린 아프리카 산 족(族)의 여성들은 독특한 신체적 변화를 보여 준다. 이 여성들은 스티어토피지아(steatopygia)라고 불리는 조건을 갖추고 있다. 다시 말하자면 사막생활에 적응할 수 있는 특별한 해부학적 방법을 개발한 것이다.

사람들은 누구나 효율성에는 차이가 있더라도 영양분으로 지방(脂肪)을 몸에 축적한다. 물론 따뜻한 지역에 사는 사람들은 축적되는 지방이 매우 부담스럽다. 운동을 하거나 움직일 때마다 근육에서는 열이 발생하는데, 지방이 많이 축적된 몸으로는 발생하는 열을 효과적으로 발산하기 어렵다. 산 족의 여성들에서는 지방층이 엉덩이 부근에 집중되어 있다. 따라서 엉덩이는 커지고 뒤로 튀어나와 있다. 지방층이 거의 없는 다른 부분의 모습과 선명한 대조를 이룬다. 이렇게 발달된 엉덩이의 둘레는 그들의 키와 거의 맞먹는 수준이다.

모습만 보고 우습게 여길지 모르지만, 이들에게는 오히려 땀 흘리며 사막을 여행하는 사람들의 모습이 더욱 우습게 보일 것이다. 사람들이 생각하는 아름다움이란 생각하기 나름이므로 산 족의 부족민들은 커다란 엉덩이가 위대한 아름다움의 상징이라고 여기며 오로지 엉덩이에만 관심을 쏟고 신체의 다른 부위에 대해서는 신경을 쓰지 않는다고 한다.

고온과 건조함을 이겨 내는 방법으로 폐어처럼 여름잠(夏眠, estivation)을 자는 동물도 있다. 이들은 수분을 빼앗기지 않도록 배설량도 줄이는데, 배설이 줄어들면 혈액 속의 요소의 농도가 높아지고 대부분의 동물들은 생리적인 피해를 입게 된다. 그러나 이들은 여기에 대한 대비책으로 약 4%의 요소 농도에서도 견딜 수 있는 생리적인 기능을 갖추고 있다.

대나무를 먹고 살면서 곰과 비슷하지만 곰이 아닌 판다(panda)는 중국의 개방과 함께 널리 알려진 동물이다. 판다와 비슷한 동물로 랫사판다가 있다. 랫사판다는 판다보다도 50년이나 먼저 세상에 알려졌다. 이 동물은 판다보다도 몸집이 작아 너구리 정도의 크기이고, 판다가 하루에 16시간 동안이나 대나무를 먹지만 랫사판다는 하루에 9시간 정도만 대나무를 먹는다. 랫사판다가 다른 동물보다도 특이한 점은 마음만 먹으면 자신의 신진대사율을 절반 정도로 떨어뜨려 휴면상태와 가깝게 유지할 수 있어, 그만큼 더 적은 에너지로도 살아갈 수 있다는 점이다. 이렇게 몇몇 동물들은 생명현상의 하나로 겨울잠(동면)과 여름잠(하면)이라는 아주 독특한 생리적 기능을 갖추고 있다.

딱따구리 종류의 새들은 하루 종일 나무줄기를 두드리며 사는 것이 생태라고 가볍게 보아 넘기기도 한다. 이들은 나무껍질을 두드리면서 느껴지는 진동의 차이로 나무껍질 밑에 살고 있는 벌레들을 찾아내어 먹이로 한다. 이들은 하루 종일 쉴 새 없이 두드려대는 충격에도 어지럼증도 없고 머리가 터지지도 않고 용케 버텨 내는 것은 참으로 대단한 일이다. 딱따구리는 보통 1초에 15~16회나 나무를 두드리며, 한 번 두드리는 데 걸리는 시간은 1천분에 1초 정도이다. 이것을 속도로 바꾸어 보면 시속 2,000km 정도로 총알보다도 두 배나 빠른 엄청난 속도이다. 이러한 속도로 쪼아댈 때마다 머리가 받는 충격은 단위면적으로 계산한다면 우주 로켓이 발사될 때에 받는 힘보다도 훨씬 크다고 한다.

이렇게 굉장한 충격에도 딱따구리의 머리가 상하지 않는 것은 딱따구리의 두개

골이 매우 단단할 뿐만 아니라, 부리와 뇌 사이에 완충작용을 하는 구조가 있기 때문이다. 그러나 이것만으로도 완전하지 않으므로 또 다른 비결을 가지고 있다. 그것은 이들이 나무를 쫄 때에 머리와 부리가 완벽한 직선을 유지하도록 받쳐 주는 목의 근육이다. 나무를 쫄 때에 조금이라도 머리와 부리의 각도가 흐트러진다면 새들의 머리에는 엄청난 충격이 가해지게 되어 머리가 깨어져버릴 것이다. 다행히 딱따구리는 이러한 사실을 잘 알고 있으므로 조금도 자세를 흩뜨리지 않고 항상 똑같은 각도를 유지하면서 나무줄기를 쪼아대는 것이다.

한편 나무열매를 먹을 수 있는 새들은 겨울에는 먹이를 구하기 어려우므로 굴참나무처럼 두껍고 폭신폭신한 나무껍질에 부리로 구멍을 내고 도토리 같은 나무 열매를 박아 두었다가 필요할 때 꺼내 먹기도 한다. 그렇지만 새들의 지능이 높은 편이 못되므로 나무껍질 속에 비축해 둔 나무 열매를 남김 없이 찾아 먹지는 못하고 일부를 그대로 남기는 경우도 많다. 이렇게 새들이 사는 숲에서는 가끔 나무껍질에 박혀 있는 열매나 구멍의 흔적을 찾을 수 있다.

식물도 역시 일조량의 변화에 반응한다. 식물의 반응은 동물의 경우처럼 중추신경 기능에 따라 분비되는 물질에 의하지 아니한다. 낙엽 지는 식물은 여름 내내 잎 속에 저장되었던 탄수화물이 변화하는 과정으로 잎의 색깔이 아름다운 색으로 변하고 마침내 땅으로 떨어진다. 단풍은 잎에서 이루어지는 변화가 극적으로 나타나는 것으로서 자연의 아름다움을 또 한 번 드러내는 것이다.

이제까지 알려진 것처럼 극한환경에서도 살아가는 생물들은 결코 환경과 투쟁하지 않으며 자신을 둘러싼 환경 안에서 함께 더불어 살고 있다. 생물들이 서식처를 어떻게 이용하고 있는가에 대한 의문에 생물들은 그저 나름대로의 효율성을 극대화시키면서 자신을 적응해 간다고 생각할 수 있다. 어떤 생물들은 주어진 환경의 어려움을 피해 가지만, 또 어떤 것들은 그러한 상황에 대처할 수 있는 방법을 갖추고 있다. 어떻게 해서든지 주어진 환경에 정면으로 대응하지 않고도 스스로의 생활 방식을 개선해 가며 살고 있다. 그들의 생활 방식은 매우 효율적이다. 이들은 필요 없이 에너지를 낭비하지도 않고 환경에 맞추어 살아가는 유연성과 적응력을 보여 준다. 많은 종류의 생물들이 제각기 다른 주위의 환경 조건에 맞추어 살아가는 노력을 볼 때마다 특이하다는 설명만으로는 조금 부족해 보인다. 이들의 노력은 오히려 숭고하다고 표현할 수 있는 생명현상이라고 할 수 있을 것이다.

아름다움과 자연의 선택

자연 속에서 살고 있는 생물의 아름다움은 우아한 형태와 현란한 색상에서 비롯되는 경우가 많다. 모든 생물들이 똑같은 아름다움을 보이지는 않는다. 평범한 모습으로도 아름다움이 나타나는 것들이 있는가 하면, 온 몸을 화려하게 치장하여 아름다움을 나타내는 것들도 있다. 그러나 무엇보다도 아름다움을 보고 아름답다고 느낄 수 있는 것이 더욱 중요하다. 생물종의 모습이 제각각이듯이 아름다움을 나타내고 느끼는 것도 모두가 제각각이다. 몸집의 크기에서 큰 차이가 나는 사자와 곤충이 모두 아름다운 모습인 것은 틀림없지만, 그래도 사자의 아름다움 속에는 큰 짐승이 가지는 고매함이 깃들어 있다. 곤충이 아무리 아름다운 색깔과 모습을 갖추고 있더라도 사자가 나타내는 위엄을 따를 수 없다.

공작새는 화려한 색채의 아름다움 때문에 사람들에 의하여 사육되고 있다. 특이한 점은 공작새의 경우 암컷이 가장 아름다운 수컷과 교미하려 한다는 것이다. 따라서 수컷은 시간이 나는 대로 깃털을 다듬으며 아름다움을 관리한다. 생물체가 지니는 아름다움만으로 생명현상을 유지하는 것은 아니기 때문에 적자생존에 의한 진화론을 주장한 다윈을 위시한 학자들에게도 이렇게 아름다움을 중요하게 여기는 동물인 공작새의 경우에서는 진화론을 설명할 수 있는 적당한 방법을 마련하지 못하고 있다. 그러나 자세히 살펴보면 '건강한 몸은 건전한 정신에서'라는 말처럼 공작새가 아름다움을 유지하는 것은 건강하기 때문이다. 암컷은 이를 알고 건강한 수컷과 짝짓기를 함으로써 건강한 새끼를 낳고자 노력하는 것이다.

진화론적인 설명이 쉽지 않은 또 다른 경우로는 개미를 들 수 있다. 개미는 집단생활을 하면서 필요한 것은 분업 활동을 통해 스스로 갖출 정도로 개체보다는 집단을 우선적으로 생각하며 관리하기 때문이다. 개미는 집단생활을 하면서 전체를 위해서는 자신의 안위를 돌보지 않고 목숨을 바치는 희생을 감수하는 생활을 한다. 개미들이 서로 싸울 때면 다리가 떨어지고 허리가 잘려 나가더라도 움직일 수 있는 한 물고 늘어지는 처절한 싸움을 계속한다. 여왕개미는 평생 동안 알을 낳는 일에만 전념하고, 일개미는 여왕을 도와 집단에서 필요한 모든 일을 맡아 해낸다. 자신의 유전자를 후손에게 물려주는 것을 궁극적인 삶의 의미로 생각하는 생물의 세계에서 이는 그리 흔치 않은 일이다. 이러한 일은 일반적인 행동으로 이해하기가 어렵거니와 진화의 입장에서 설명하기에도 그리 간단하지 않다.

귀뚜라미는 단독으로 생활하는 곤충처럼 보이지만 실제로는 사회생활을 하는 곤충이다. 그들은 깊은 가을밤에 혼자 울어대지만 그것은 순전히 임을 부르는 수컷의 울음소리이다. 가을 무렵 막 땅속에서 올라온 새끼 귀뚜라미들의 몸집은 어른 귀뚜라미와 비슷하지만 이들의 날개가 다 자라 울음소리를 내기 위해서는 상당한 경쟁의 시간이 지나야 한다. 수컷들이 싸우며 경쟁하는 모습은 매우 흥미로운 일이다. 어느 한쪽의 힘이 현저히 차이가 날 때에는 싱겁게 끝나는 것이 보통이지만 서로 힘이 엇비슷할 때에는 아주 거친 싸움이 벌어지기도 한다. 서로 머리를 마주하고 긴 더듬이를 맞대며 밀고 밀리는 싸움이 오랫동안 지속된다. 앞다리로 상대방을 누르기도 하고, 상대방이 물러서지 않으면 입으로 앞다리를 물기도 한다. 이 정도의 싸움에서 대부분 어느 한쪽이 물러서기 마련이다. 그러나 두 마리가 호적수일 때에는 여러 날 동안 싸움이 계속되는 경우도 있다. 이렇게 격렬한 싸움을 벌인 뒤에 최후의 승리자는 우렁찬 소리를 내지만, 싸움에 패한 놈은 소리도 낮고 울음의 세기도 약해진다.

야외에서도 귀뚜라미들은 여기저기 무리를 지어 모여 산다. 이들을 주의 깊게 살펴보면 틀림없이 이들 가운데 한 마리가 우렁차게 소리를 내고 있다. 이 소리꾼 주위에는 별 볼일 없이 소리 내는 수컷들이 모여 있는데, 이들은 소리꾼의 소리를 듣고 찾아오는 암컷들과 짝짓기 할 기회를 얻어 내려는 것이다. 그러나 분명히 소리꾼은 다른 수컷들에 비해서 암컷들과 짝짓기 할 수 있는 기회는 훨씬 많다. 다른 한편으로 암컷의 입장에서 생각해 본다면 소리를 크게 내는 수컷이 힘도 셀 것이기 때문에 이러한 수컷과 짝짓기를 하려는 것은 보다 튼튼한 새끼를 낳을 수 있는 기회를 얻기 위한 암컷의 노력으로 생각할 수 있다.

아프리카에 살고 있는 나뭇잎 귀뚜라미는 몸 크기만 한 나뭇잎 몇 장을 모아서 통처럼 늘어놓는다. 구멍을 뚫어 놓은 나뭇잎은 맨 앞쪽에 배열하는 지혜를 보여준다. 그런 후 그 앞에서 소리를 내는데, 이때 날개는 진동판이 되고 구멍 뚫린 나뭇잎은 공명판 역할을 한다. 이러한 방법으로 귀뚜라미가 소리를 내면 그 소리는 약 세 배나 커진다고 한다. 이렇게 만들어진 큰 소리가 짝짓기에 도움을 주는 것은 물론이다. 짝짓기를 하는 시기가 오면 소리를 내어 상대방을 유혹하는 동물은 이밖에도 여러 종류가 있다.

톡토기 딱정벌레는 땅을 두드리면서 소리를 만든다. 이러한 소리를 알아채고 상대방은 같은 소리를 내면서 자신의 위치를 알리는 방법으로 서로 가까이 접근하여 상대방과 만나는 것이다. 베짱이와 청개구리도 소리로 배우자를 유인한다. 베짱이는 겨울이 되면 모두 죽기 때문에 겨울이 오기 전에 땅속에 알을 낳아야 한다. 베짱이 수컷은 어떻게 해서든지 암컷을 유혹해 번식하여야 하므로, 암컷에게 잘보이기 위해 다른 수컷보다도 더 큰 소리로 더 오랫동안 노래를 불러야 한다. 자신의 유전자를 후손에게 전하려고 부르는 베짱이의 노래는 삶의 방법이면서 번식을 위한 처절한 몸부림인 셈이다. 이처럼 동물들이 소리를 내는 것은 암컷을 유인해 짝짓기를 하려는 의도가 들어 있는 경우가 대부분이다.

물론 소리가 작은 수컷들은 소리꾼 옆에서 덕을 볼 수 있지만 그래도 소리꾼이 짝짓기 할 기회는 다른 수컷에 비하여 훨씬 많은 편이다. 또 이들이 함께 모여서 소리를 내는 것은 그만큼 배우자를 유인하기가 수월해지기 때문이다. 이러한 사실은 소리가 우렁찬 수컷과 작은 수컷의 울음소리를 녹음하여 들려주면 암컷 대부분은 소리가 큰 쪽으로 이동하는 결과를 보아도 쉽게 확인할 수 있다. 누가 우세한 자손을 남길 수 있는가는 누가 우렁찬 소리를 내는 수컷과 짝짓기를 할 수 있느냐에 달려 있다. 이러한 행동을 통해 곤충을 비롯한 여러 종류의 동물들이 진화되고 있다는 것을 알 수 있다.

한여름에 나무 그늘 아래에서 시원한 소리를 들려주는 매미도 수컷만 소리를 낸다. 보통 7~8년 이상의 세월을 땅속에서 지내다가 여름 한 철 세상에 나와 살게 된 매미도 후손을 남기기 위하여 큰 소리로 자신의 위치를 알리며 암컷을 유혹하기는 마찬가지이다. 곤충학 교과서에 실린 다음과 같은 시구가 있다.

Happy are cicada′s lives,
For they have voiceless wives
(매미의 생활은 행복하여라,
소리 없는 아내와 함께 살므로)

매미는 신선처럼 살아가는 것으로 생각하였던 사람들이 매미의 생활을 시적으로 표현한 글이지만, 매미를 비롯한 많은 곤충의 생활을 자세히 살펴보면 생각하기에 따라 행복은 다르다고 느낄 수도 있다. 자연 속에서 살고 있는 생물의 생활은 있는 그대로이지만 사람들이 어떻게 생각하느냐에 따라 달라지기 때문이다.

제비의 경우 암컷은 꼬리가 긴 수컷과 짝짓기를 하려고 노력한다. 실험적으로 꼬리를 짧게 잘라 준 수컷 제비는 보통의 제비와 비교하여 암컷과 짝짓기에 성공할 때까지 걸리는 시간이 평균적으로 길었다. 꼬리를 더욱 길게 이어 준 수컷 제비는 보통의 것보다도 빨리 짝을 찾을 수 있었다. 수컷의 선택권을 가진 제비 암컷은 긴 꼬리를 가진 수컷을 분명히 선호한다. 꼬리가 긴 것이 더욱 아름답고 매력적인 것은 사실이다. 그러나 먹이를 잡기 위한 민첩함에 있어서는 긴 꼬리가 반드시 유리하지는 않다. 이렇게 먹이사냥에는 다소간의 어려움이 있을지라도 다음의 세대를 위하여 긴 꼬리를 가진 수컷과 짝을 짓도록 노력하는 데에는 분명한 이유가 있을 것이다.

제비 몸에는 진드기가 기생한다. 어미는 물론이고 새끼까지도 진드기가 기생하여 피를 빨아먹으므로 진드기에 감염된 새끼들은 크기도 작을 뿐더러 생존율도 낮다. 더구나 진드기의 감염력은 제비의 저항력에 따라서 차이가 확실히 드러난다. 제비의 높은 저항력은 분명히 부모의 저항력을 물려받는 유전적인 요소가 강하다. 긴 꼬리를 가진 부모들은 확률적으로 진드기에 고통을 덜 받는 새끼를 가질 확률도 그만큼 높다는 것이다. 다시 말하자면 아빠 제비의 긴 꼬리는 자식 제비의 진드기에 대한 저항력과 유전적인 관계가 있는 것이다. 그러므로 수컷을 선택할 수 있는 암컷 제비는 새끼들에게 좋은 유전자를 물려주기 위하여 긴 꼬리를 가진 제비를 열심히 찾는 것이다.

생물들이 제각기 아름다운 모습을 갖추는 것은 거의 대부분 그럴 만한 충분한 이유가 있다고 보아야 한다. 꽃들만 보더라도 종마다 특이한 아름다움을 갖추고 있다. 여기에는 어떻게든 아름다운 모습을 뽐내고 곤충을 유인하여 가루받이를 완성하려는 노력이 깃들어 있는 것이다. 특히 동물 가운데에서는 수컷이 아름다운 모습을 갖추고 있다는 것은 아무래도 종족을 유지하기 위한 유전자를 남기고 싶은 생존의 본능에서 비롯되었다고 보아도 틀림이 없다. 모든 생물종이 같은 정도로 아름다움을 표현하는 것은 아니더라도, 적어도 짝짓기를 위한 선택의 기회를 높이려는 의도가 크다.

생물의 마지막 욕구는 자기와 닮은 자식을 남기려는 것이다. 어떻게 해서든지 불리한 환경에서 살아남기 위해 다른 것보다도 우수한 유전자를 확보하여 자손에게 물려주려는 모습은 거의 본능적인 행동에 가깝다. 아름다움 속에 깃들어 있는 과학적 의미를 찾아내는 즐거움을 맛보는 동시에 생물의 세계에서 드러나는 아름다움을 보고 느끼면서 우리 생활 속에서 나타나는 아름다움의 가치를 높이는 것도 필요한 일이다. 겉으로 드러나는 아름다운 모습과 함께 내면적으로 이루어지고 있는 생활의 아름다운 모습도 함께 살펴보는 지혜를 발휘하여야 참다운 아름다움을 찾을 수 있다고 본다.

● 생물의 성(性)

자연 속에서 살아가는 생물들이 특별한 목적을 이루기 위해서 사용하는 방법은 놀랍도록 정교하므로 아주 색다른 생명의 신비를 보여주기도 한다. 생물이 환경조건을 극복하고 살아갈 때에 암컷과 수컷 중 어느 쪽이 유리한가라는 질문은 대단히 어리석은 질문이다. 사람들은 성의 결정 문제를 지배할 수 있을 것이라고 믿고 있지만, 자연환경 속에서 생물이 살고 있다는 것은 성의 문제가 아니라 종의 전체에 대한 문제이기 때문이다.

수정란이 암컷이 될지 수컷이 될지를 결정하는 요인이 무엇인지를 우리는 최근에 들어서야 어느 정도 알게 되었다. 20세기 이전에는 생물의 성이 온도와 같은 주변 요인에 의해서 결정된다고 생각하고 있었다. 성염색체를 가지지 않은 물고기나 파충류 따위의 냉혈동물은 대부분 비유전적인 요인, 이를테면 온도나 환경조건에 따라 성이 결정되는 경우가 많다. 아메리카에 사는 동물로 악어 과에 속한 엘리게이터(alligator)는 땅속에 낳은 알에서 새끼가 태어나는데, 신기한 것은 따뜻한 양지에서 부화한 새끼는 수컷이 되고 음지에서 부화한 새끼는 암컷이 된다는 것이다. 마치 주역(周易)에서 나오는 음양이론에 따른 암수의 관계를 생각할 수 있도록 해주는 신기한 현상이다. 그러나 모든 파충류가 그렇지는 않다. 거북의 경우에는 따뜻한 곳에서는 암컷이 태어나고 응달에서는 수컷이 태어난다. 또한 특이하게도 아메리카에 사는 천산갑(armadillo)은 근친교잡을 피하기 위해서 언제나 같은 성을 가지는 네쌍둥이(네둥이라는 표현이 적절하겠다.)를 낳는 지혜를 발휘한다고 한다.

사람의 성의 결정에 대한 연구는 1906년에 이르러 스티븐스(N. M. Stevens)와 윌슨(E. B. Wilson)이 각각 여성의 생식세포에는 두 개의 X염색체가 있고 남성의 것에는 X염색체와 Y염색체가 있다는 것을 알았고, 10년이 지나서 X염색체가 아니라 Y염색체가 성을 결정한다는 이론에 도달하였다. X염색체만을 가진 난자를 향해 X염색체와 Y염색체를 가진 정자의 경주로 설명하는 성의 결정 이론에서는 정자가 나르는 유전정보에 의해 성의 결정이 이루어지는 과정을 똑 떨어지게 설명하고 있다. 물론 수태로부터 출생에 이르기까지의 과정 대부분은 유전적인 정보가 주역을 담당하며 웬만큼 자동화된 과정이다.

조류나 사람의 경우에는 한 성이 기본이 되고 다른 성은 추가적인 작업이 진행되면서 나타난다고 한다. 이 추가적인 작업은 호르몬이 지휘하는 과정으로서 성의 결정에 뒤따라 이루어진다. 새들의 경우에는 종종 수컷이 기본적인 성으로 작용하지만, 사람을 비롯한 포유류의 경우에는 그 반대로 암컷이 기본이다. 따라서 남성 호르몬이 작용하여 예정된 방향을 바꾸어 주어야만 수컷으로 성이 결정된다.

성의 결정에 대한 연구에서도 최근에는 흥미로운 결과가 알려지고 있다. 정자가 난자와 결합하여 성을 결정하는 유전적인 방아쇠는 전해 주더라도 발생 중인 태아는 당분간 어느 쪽으로도 성적인 발생과정을 진행하지 않는다고 한다. 다시 말하자면 태아는 성을 결정하는 힘을 6주 이상 억제하고 있다가 남성과 여성의 생식기로 발전하는 원시적 관을 발달시킨다. 이러한 남성 생식기의 전구기관을 울프관(Wolffian duct)이라 하고 난관과 자궁의 전구기관을 뮐러관(Müllerian duct)이라 부른다. 이들 원시적 관은 서로 다른 여러 조직들로부터 기원하는 남성과 여성 생식체계의 일부분에 해당한다. 다른 부분들은 태아에서 공통적으로 발견되는 조직으로부터 발달하는데, 이러한 생식체계의 발달과정은 태아가 발생 도중에 받는 호르몬 신호에 따르기 마련이다.

사람의 태아는 발생의 초기단계에서는 모두 여아로 시작되지만, 남아로 될 태아는 수정 후 제7주가 되어서야 비로소 남성으로의 생물학적 전환과정이 시작된다. 다시 말하자면 수정 후 7주쯤이면 Y염색체에 위치한 고환결정인자(TDF)라는 하나의 유전자가 남성의 고환을 만들라고 지시한다. 이렇게 Y염색체는 남성으로 발생하는 최초의 단계를 시작하도록 스위치를 켜는 셈이다. 이것은 남성으로 발생하는 Y염색체의 시작이자 마지막인 역할이 된다. 고환은 만들어지자마자 남성 호르몬인 테스토스테론을 분비하여 울프관이 부고환과 정관으로 발달하도록 하며, 여성을 나타내는 뮐러관을 없애라는 신호를 보내는 특별한 호르몬을 생산한다. 이

호르몬의 신호에 반응하여 여성의 생식관이 사라지는 시기는 매우 짧으므로 올바른 시간에 정확히 도달해야 한다. 그 다음에 남성의 외부 생식기인 페니스와 음낭이 만들어진다.

여자의 경우에는 Y 염색체에 자리한 TDF 유전자가 없으므로 성선은 고환이 만들어지지 않고 13주 무렵에 난소로 분화한다. 테스토스테론이 없으므로 울프관은 자동적으로 위축되어 사라지고, 뮐러관이 자궁, 난관, 질로 발달한다. 그리고 여성의 외부 생식기인 클리토리스와 음순이 형성되는 과정으로 이어진다.

성을 결정하는 유전자의 역할에 대해서는 이제 그 베일이 조금씩 벗겨지고 있는데, 미국 시카고 대학 분자종양연구소장인 마이클 웨이스(M. Weiss) 박사가 과학전문지인 '사이언스(*Science*)'에 성 결정에서의 유전자의 역할에 관한 논문을 발표하였다. 태아 상태에서 남성으로의 전환과정의 시동을 거는 것은 Y염색체에 위치하는 SRY 유전자이며 이것은 다시 MIS라는 유전자를 발생시키고, 이 MIS 유전자가 태아에 형성된 여성적인 부분을 제거하여 남성적인 기관으로 전환시킨다는 것이다. 웨이스 박사는 사람의 수정란에서 발가락, 손가락과 눈 및 심장이 생기는 임신 35~40일쯤에 자궁 · 나팔관 · 질(膣) 등의 여성적인 기관이 나타나지만 남아가 될 수정란은 이때부터 SRY라는 유전자의 활동으로 남성적인 기관으로 바뀌어 간다는 것이다. 성 전환에 시동을 걸어 주는 중심적인 열쇠가 되는 SRY 유전자는 이어서 MIS 유전자를 유발시키고 이로 하여금 이미 형성되어 있는 여성적인 특성을 제거하고 남성 특징적인 기관을 형성하게 한다는 사실을 밝혀내었다. 태아의 성 결정에 참여하는 유전자를 확실하게 드러낼 수 있다면 발생과정에서 이루어지는 여러 가지의 의문점을 푸는 데도 큰 도움이 될 수 있을 것이다.

동물의 경우 성을 스스로 결정할 수 있는 능력을 가진 것은 집단생활을 하는 캥거루이다. 캥거루 어미는 새끼의 성을 결정하여 낳을 수 있다고 하는데, 이 결정 메커니즘은 아직까지 정확히 밝혀지지 않고 있다. 캥거루는 특이하게도 새끼를 낳더라도 처음에는 아주 작기 때문에 아기주머니에 넣고 보살피면서 길러 낸다. 이러한 점에 착안해 만들어진 것이 바로 제달을 채우지 못하고 태어난 미숙아를 키울 수 있는 항온기(incubator)이다. 지금까지 조사된 바에 의하면 젊은 어미는 주로 암컷 새끼를 낳아 곁에 두고 가르친다. 어미가 새끼를 낳아 기를 때에 예를 들어서 할머니 캥거루처럼 주위에 식구가 있으면 학습 효과가 훨씬 높아진다고 한다. 캥거루 수컷은 다 자라고 나면 무리를 떠나므로 어미는 나이가 원숙해질 때에야 비로소 수컷 새끼를 낳아 기른다. 한 어미에서 태어난 암 · 수의 캥거루는 그들끼리 짝짓기는 하지 않는다. 캥거루 수컷은 항상 무리에서 맨 윗자리에 오르는 것을 목표로 하고 있다. 따라서 수컷끼리는 항상 힘겨루기를 통하여 순서를 결정하고 그 순서에 따라 위계질서가 지켜진다.

캥거루는 냄새로 서로를 구별한다. 캥거루의 집단이 서로 만나게 되어 새끼들이 여러 친구들을 사귀게 될 때에는 어미들은 항상 조심스럽게 친구들로부터 새끼를 떼어놓기도 한다. 그것은 냄새를 구별하는 능력이 확실하지 않은 새끼들이 어미의 아기주머니를 찾지 못하고 헤매는 경우도 있기 때문이다. 새끼가 만약에 길을 잃으면 어찌할 바를 몰라 큰 키의 풀 뒤에 숨어서 어미가 찾아주기만을 기다린다. 어미는 새끼가 없어진 것을 알고는 온 길을 되돌아 냄새를 맡아가면서 새끼를 찾아 나선다. 새끼는 크기에 따라 정도는 다르겠지만 젖을 먹지 않고도 이틀 정도는 버틸 수 있다. 그러나 굶주림보다도 더욱 무서운 것은 무엇보다도 저녁이 되어 다른 동물들의 먹이로 공격의 대상이 될 수 있다는 것이다. 어떤 생물이든 간에 자기의 새끼를 사랑하는 마음은 항상 순수하고 깨끗한 것임을 알 수 있다.

캥거루 새끼들이 냄새를 맡고 어미를 찾아가듯이 전혀 다른 환경에서 살고 있는 백곰 새끼들도 빙산이나 설산에서 어미와 떨어지게 되면 발자국 냄새나 이동할 때 배설한 분비물의 냄새를 따라 어미의 품으로 되돌아올 수 있다. 어미가 다 자란 새끼를 독립시키고자 할 때에는 이러한 생태학적인 습성을 알기 때문에 비정한 일인지 모르지만 육지가 아닌 바다에서 이별을 해야 한다. 일단 어미와 새끼가 함께 빙산을 타고 가다 서로 헤어지는 것이다. 마지막으로 헤어진 후에 모자가 다시 만나게 되더라도 모정은 더 이상 발동하지 않는다. 냉엄한 자연에서 살아남기 위한 지역다툼, 한쪽이 양보할 때까지 치열한 싸움이 벌어지기도 한다. 싸움에 지는 쪽이 삶의 터전을 양보하고 물러서게 되는 것이 엄연한 자연에서의 삶의 규칙과 방식이다.

환경에 의해서 성이 결정되는 동물은 자웅동체가 많다. 태어날 때에는 수컷이었다가도 환경의 변화에 따라 암컷이 되기도 한다. 이와 반대인 종도 있다. 이들 양성동물은 난소와 고환 조직을 모두 갖춘 난정소(卵精巢)라는 성선을 갖추고 있다. 열대어 가운데 청소부 물고기의 일종인 라브로이데스(*Labroides dimidiatus*, 놀래기 과 물고기이다)나 아네모네 물고기는 성 전환이 보편적으로 일어난다. 한 집단에서 수컷이 갑자기 사라져 버리면, 1~2시간 안에 그 집단의 암컷은 수컷에게서만 전형적으로 나타나는 공격적인 행동을 보이기 시작한다. 이러한 행동을 보이기 시작한 암컷은 2~4일 안에 수컷의 교미행동까지도 보여 준다. 이렇게 특이한 변화를 보인 물고기는 14~18일째에 성 전환이 이루어져 새로운 수컷으로 변하고 드디어 정자를 생산할 수 있게 된다. 물고기의 성 전환이 이처럼 한 집단 안에서 이루어진다는 것을 실험으로 확인해볼 수 있다.

자연 속에서 살아가는 방법으로 성을 조절하는 특별한 동물의 경우를 예로 들어 보았다. 요즈음 우리나라에서는 남아선호사상 때문에 취학아동의 남녀 성비가 지역적으로는 1.2 : 1에까지 이르고 있다. 사람들은 아직까지 성을 결정하지 못하므로 사회규범보다도 더 강력한 법을 무시하면서까지 출생을 조절함으로써 목적을 달성하고 있다. 긴 세월이 지난 다음에 20세기의 대한민국이라는 환경에서는 성비를 인위적으로 조절하여 살아가는 방법으로 이용하였다는 기록이 남겨질까 두려운 생각이 들기도 한다.

진화론도 변한다

생물의 종(種)이 과거로부터 지금까지 점차 변화해 왔다는 의미에서 우리는 진화라는 용어를 사용하고 있다. 좁은 의미로 사용하는 진화는 생물의 진화를 말하지만, 넓은 의미로 쓸 때에는 자연현상이나 사회, 물건 등에 대해서 일어나는 모든 변화를 포함하기도 한다.

옛날부터 사물의 생성(生成)에 관한 문제를 생각하면서 진화의 개념이 시작되었다. 그리스의 자연철학자 엠페도클레스(Empedocles)는 땅(地), 물(水), 바람(風), 불(火)의 네 가지 원소가 결합하고 분리됨에 따라 모든 물체가 만들어지고 사라진다고 하였다. 이후에도 많은 사람들이 생물을 포함한 물체의 구성과 변화에 대해서 말했지만 진화사상이 어느 정도 체계를 갖추기 시작한 것은 18세기 중엽부터의 일이다. 뷔퐁(C. G. L. Buffon)은 『박물지』 제1권(1749)에서 지구의 역사를 다루고, 다음의 여러 권에서 생물의 변화과정을 언급하면서 생물은 온도와 먹이를 중심으로 하는 환경에 의해 영향을 받는다고 하였다. 이 시기를 전후로 여러 사람들이 진화 사상에 고취되었지만 뚜렷한 학문적인 체계를 이룩하지는 못했다.

진화론을 체계적으로 제시한 사람은 라마르크(J. B. A. P. Lamarck)였다. 그는 『동물철학』(1809)에서 동물분류학 · 생명론 · 감각론과 함께 진화 사상을 설명하였다. 무기물에서 자연발생한 원시적 생물이 복잡한 구조로 발달한다는 것과 습성에 따라 획득한 형질이 유전하여 발달한다고 그는 설명하였다. 그렇지만 그의 설명은 시대적으로 보더라도 실증적인 생물학의 발전에 따라 각광받지 못하였고, 더군다나 당시에 비교해부학과 분류학으로 이름난 창조론자인 퀴비에(G. Cuvier)의 영향 아래 묵살되었거나 배격되었다. 그리고 그는 당시에 발굴된 동물 뼈를 보고 멸종은 믿었지만 진화 사상은 받아들이지 않았다.

진화론이 확립된 것은 다윈(C. Darwin)에 의해서였다. 그가 1859년에 발표한 『종의 기원』에서 자연선택설을 중심으로 새로운 종이 생기는 과정을 사실적인 예를 들어 설명하였다. 갈라파고스 제도에는 100여 종이 넘는 다양한 종류의 새들이 살고 있는데, 핀치라는 작은 새는 먹이의 종류에 따라 부리 모양이 서로 다르게 진화하여 그 종류만도 16가지나 된다고 한다. 그는 이러한 사실을 관찰하여 진화론의 단서로 삼았던 것이다. 다윈이 발표한 진화론은 인간이 중심이라는 생각에서 비롯된 이론이라고 보는 경향이 짙다. 생명의 기원과 본질에 대해서 어떠한 초자연적인 힘이나 존재를 심각하게 생각할 필요 없이 사람들이 보고 듣고 느끼는 생물체들이 나타내는 현상과 원리를 중심으로 생명현상을 이해하려는 방법을 채택하였기 때문이다.

진화론의 중심적인 이야기는 무엇보다도 모든 생물들이 살아가는 동안에 나타나는 경쟁(競爭)과 이에 뒤따라 드러나는 비효율적인 행동, 그리고 경쟁 속에서 생명을 유지하기 위해 생물체들이 보여주는 점진적인 변화과정이다. 진화론에서는 생물체들이 이루어내는 진화현상에서 사람이 맨 꼭대기에 자리하고 있고, 여러 가지 의문을 해결하고자 실험을 되풀이하면서 얻어 낸 과학적인 지식과 사고를 발판으로 인간의 우월성을 나타내려는 의식이 깔려 있다. 다윈의 진화론은 시대적인 상황에 힘입어 인문 · 사회 부분에서부터 먼저 받아들여졌고 뒤이어 생물학 분야에서도 점차 인정되면서 이후의 생물학 발전에 큰 영향을 끼쳤다. 지금까지도 진화론은 생물학에서 매우 중요한 원리로 이해되고 있다.

다윈의 진화론 이후에도 획득형질의 유전에 대한 문제를 중심으로 여러 가지 논의가 활발히 이루어졌다. '생식질의 연속설'을 1885년에 주장한 바이스만(A. Weismann)은 "모든 생물의 종류는 끝없이 변화한다"고 하면서 자연선택을 특별히 강조하였다. 이와 함께 획득형질의 유전을 주장한 리센코(T. D. Lyssenko)에 의해 '신라마르크설(neo-Lamarckism)'도 나타났고, 로마네스(G. J. Romanes)나 바그너(M. F. Wagner) 등은 생물의 진화를 위해서는 지리적으로나 생리적으로 격리되면서 교잡이 일어나지 않아야 한다는 격리설(recapitulation theory)을 주장하였다. 어쨌거나 이미 알려진 진화론이 완전히 틀린 것이 아니므로 약간씩 바꾸어 가면서라도 중심이 되는 골격은 그대로 유지하는 방향으로 나아가고 있다.

멘델의 유전법칙이 1900년에 재발견되면서 새로운 유전에 관한 연구가 활발히 이루어졌다. 돌연변이의 본질이 알려지고 새로운 분야의 생물학적인 연구결과가 쌓이면서 진화과정과 그 요인에 관한 연구가 비약적으로 발전하였다. 이에 따라 진화의 요인으로 작용하는 돌연변이, 교잡, 격리, 자연선택 등의 문제를 종합적으로 생각해야 한다는 '현대적인 종합설'이 나오게 되었다. 이러한 움직임은 도브잔스키(T. Dobzhansky)에 의해 1937년에 발표된 『유전학과 종의 기원』에서 잘 드러나고 있다. '통합론(synthetic theory)'은 1930~1940년대에 헉슬리(J. S. Huxley) 등이 제창한 것으로 자연선택 이론을 중심으로 하는 전통적인 진화론을 일컫는다. 이들의 주장은 "진화작용에 대한 적절한 설명이 대단히 중요하다"라고 간단히 요약할 수 있다. 이 이론에는 유전학을 비롯한 여러 분야에서 밝혀진 사실들이 첨가되어 새로운 진화론을 형성하고 있지만, 자연선택을 중심으로 하는 다윈의 이론은 그대로 유지되고 있다. 따라서 사람들은 이것을 신 다윈주의(neo-Darwinism)라고도 부른다.

이와 함께 1945년 이후로 발전하기 시작한 분자생물학의 연구로 진화에 대한 문제도 분자적인 수준에서 다루어지기 시작하였다. 이렇게 발전해 온 현대적인 진화학설에서는 먼저 본래의 집단 안에서 유전자 발현빈도의 변화가 생겨 소집단으로 나뉘고, 각 집단이 격리됨으로써 서로 교배가 불가능한 다른 종으로 분화한다는 것이 일반적인 설명이다.

최근에 이르러 다윈의 진화론에서 나타나는 인간 중심적인 이론에 대하여 한 번 더 생각하게 만드는 여러 방면에서의 연구가 이루어지고 있다. 특히 고생물학의 연구에서 대단히 중요한 화석이 알려지면서 지금까지 설명하기 어려웠던 생물체의 기원과 진화에 대한 설명이 보충되었다. 물론 이러한 설명 가운데에는 다윈의 관점을 축소시키는 사실들도 포함되어 있다. 더구나 최근에 이르러 카오스 이론의 발달로 진화론에서 중요하게 이용되는 통계적인 관점이 새롭게 해석되기도 한다. 또한 요즈음에 가장 중요한 문제의 하나로 등장하고 있는 환경문제는 과학에 국한되지 않고 전체 인류의 사회와 문화적인 면에서 이해되어야 한다. 이렇게 환경문제는 과거와 현재의 중요성뿐만이 아니라 현재와 미래를 위하여도 자연과 인간의 관계를 다시 생각해야 할 의미를 부여하고 있다. 이러한 미래를 지향하는 학문적인 변화를 배경으로 생물의 진화문제는 진화론의 전개가 생물학의 발전을 가져다준 것처럼 이제 또다시 새로운 전개를 필요로 하고 있다.

● 새로운 진화론을 찾아서

'자연선택'은 다윈의 주장에서 대단히 중요한 의미를 갖는다. 그의 주장을 빌리자면 자연선택이란

1) 모든 생물종은 항상 살아남는 숫자보다도 많은 개체를 만들어 낸다.
2) 생물은 살아남기 위한 노력으로 서로 경쟁하게 된다.
3) 경쟁에서 이길 수 있는 좋은 점은 당대로만 그치지 않고 '새로운 종' 안에 포함되면서 축적되어 유지된다는 내용이다.

이제까지 생물의 진화론 가운데 중심을 이루는 자연선택에 대해서 비판한다는 것은 대단히 어려운 과제의 하나이다. 이러한 비판은 자연선택의 논리성을 부정하는 것이라기보다도 다윈이 진화론을 설명하기 위해 제시한 자연선택의 전제가 옳은가를 살피자는 것이라고 할 수 있다. 자연선택만으로 생물의 진화를 충분히 설명할 수는 없고 오히려 자연선택이 실제로 어떻게 작용하는지 알아보는 것이 중요하다.

자연선택에 대한 비판적인 견해를 보면, 우선 기후, 질병, 먹이 등의 요인에 의해서 개체군의 성장이 억제된다는 것보다도 암컷의 생식력에 영향을 주는 제한조건에 의해 개체군의 성장이 스스로 조절되는 것을 예로 들어 설명하고 있다. 다시 말하자면 생물이 만들어 내는 집단의 개체 수는 환경에 알맞도록 조절된다는 점이다. 다음으로 꼽는 것은 생물의 모든 종이 경쟁을 일삼지 않고, 다른 먹이를 먹거나 다른 시간에 활동하고, 생태적 지위를 달리하면서 서로서로 평화롭게 공존한다는 점을 예로 든다. 물론 같은 종 안에서도 분산을 통해서 서로 간에 일어나는 경쟁을 최소한으로 줄여나가고 있다. 마지막으로 생각해 볼 것은 다윈이 생각한 것처럼 점진적인 변화로부터 시작하여 새로운 종으로 나아가기 위해서는 무한한 변화가 있어야 한다는 점이다. 그러나 생물의 변화는 제한 없이 무한정 가능한 것만은 아니다. 예를 들자면 품종의 개량에 필요한 크기나 색깔, 재배시기 등에 대한 여러 가지 형질의 변화에는 한계점이 있다. 이제까지 사람들은 농작물의 형질을 알맞게 변화시키는 육종법으로 많은 품종(variety)을 만들었지만, 자연선택에 따른 점진적인 변화가 이루어지더라도 새로운 종을 만들어 내지는 못하였기 때문이다.

자연선택이 제시된 이후 지금까지 화석에 대한 연구가 크게 발전하였지만, 생물의 중간종(intermediary species)이라고 말할 수 있는 어떠한 화석도 아직까지 발견되지 않고 있다. 물론 한두 가지 형질의 변화를 증명할 만한 화석이 전혀 없는 것은 아니다. 그러나 형질의 변화를 말해주는 화석의 기록은 매우 작은 부분에 그치는 것이 대부분이며, 오랫동안 변화가 누적되었다고 하더라도 새로운 종으로 나타나지 않은 경우도 있었다. 더군다나 많은 종류의 생물들이 오랜 기간 동안 변화하지 않은 채 고유한 모습을 그대로 유지하였다는 화석의 기록도 확인할 수 있다. 따라서 화석을 근거로 하는 설명으로는 경쟁을 중심으로 하는 자연선택에 따라 점진적인 형질변화가 새로운 종으로 바뀐다는 설명을 뒷받침하기 어렵다.

자연선택에 대한 비판적인 견해를 살펴보면서 다윈이 제시한 가정이 맞지 않으므로 자연선택이 완전히 잘못되었다고 보아서는 안 된다. 다윈이 종의 기원을 설명하기 위한 방법으로 제시한 자연선택의 전제조건이 그럴듯하지 않다는 것이다. 생물학과 더불어 발전한 생태학과 유전학의 연구결과가 자연선택설을 밑받침해 주지 못하고 화석 기록으로 보더라도 점진적인 변화가 진화를 충분히 설명하지 못한다. 그렇다고 자연선택 이론의 밑받침이 되는 전제조건을 조금만 수정하여 잘 들어맞게 고칠 수는 없다. 이와 마찬가지로 다윈주의를 비판하는 사람들도 자연선택 이론을 대체할 만큼 알맞은 대안을 제시하지 못하고 있다. 따라서 이러한 어려운 점을 해결하기 위하여 '새로운 진화론'의 설명이 필요하다.

다윈은 생물의 육종을 끌어들여 진화론을 설명하였지만, 육종과 교배를 통해서는 새로운 생물종이 태어나지 않는다는 점을 간과하였다. 최근에 이르러 크게 발전한 생물공학은 생물학적 질서를 건너뛰는 새로운 육종방법으로 각광을 받고 있다.

미생물을 비롯한 생물의 세포융합이나 유전자조작 기법을 통해서 우수한 형질을 나타내는 유전자를 합쳐 중간종에 가까운 정도의 새로운 변이종을 만들 수 있기 때문이다. 변이종이 다윈의 생각에 비추어 볼 때 새로운 종으로 나아가기 위한 전 단계라고 하지만, 교배에 의해 만들어지는 형질의 누적이 종의 범위를 벗어나 새로운 종으로 탄생하는 것은 아니다. 또한 변이종의 대부분은 자연계에서 만들어진 것이 아니라 필요에 따라 목적을 가지고 실험실에서 만들어진 것이 대부분이므로 자연 생태계 안에서 하나의 종으로 살아남을 수 있을지 시간을 두고 검정해 보아야 할 것이다.

다윈의 자연선택 이론이 경쟁과 비효율성 그리고 점진주의로 요약되는 데 비하여 새로운 진화론은 다윈의 진화론을 비판하면서 생물이 보여 주는 비경쟁성, 효율성 그리고 급변성을 이야기하면서 전개된다. 아마도 비경쟁성과 효율성에 관한 문제는 생물의 적응과 환경과의 조화에서 해답을 얻을 수 있으며 급변성이라는 해석은 시간적인 문제이지만 그 시간은 역시 사람이 생각할 정도의 짧은 시간만은 아니다. 또한 과학기술의 발달로 사람들이 필요로 하는 생물종을 빠른 시간 안에 개발해 낼 수도 있다. 이 문제에서 점진적인 변화가 아니라고 해서 진화론이 아니라는 해석이나 더 나아가 진화론 자체가 틀렸다는 것은 더욱 큰 문제를 일으킬 수 있다. 어디까지나 변화는 인정하면서 점진적으로 일어나는 변화과정만을 비판하는 것이기 때문이다. 경우에 따라서 급진적인 변화과정은 염색체의 배가현상(chromosomal doubling)에 의한 여러 가지 품종이나 변이종들이 개발되면서 부분적인 설명이 가능하기도 하다.

분명히 최초 생물의 기원은 아직까지도 수수께끼이며 앞으로 풀어야 할 영원한 숙제이다. 생물학의 발전과 더불어 생명의 기원을 밝히려는 연구에서 무엇보다도 중요한 것은 유전자의 기능과 역할을 찾아내는 것이다. 유전자는 분명히 유전을 통제하는 것으로서 기본물질은 핵산으로 구성되었다. 대부분의 생물에서는 DNA 상태로 저장된 유전자가 생물체의 세포핵에 들어 있다. 따라서 핵산의 역할과 기능을 찾아 설명하려는 생화학 및 분자생물학적인 연구는 생명현상을 밝히는 열쇠가 된다. 이와 함께 분자유전학에 의한 조절유전자의 비밀을 해명함으로써 앞으로의 생명에 관한 직접 · 간접적인 설명을 이끌어내는 데 큰 도움이 될 것이다. DNA 복제에 필요한 중합효소(polymerase)를 비롯한 많은 효소를 밝혀내어 생명의 신비를 밝혀내는 데 공헌한 콘버그(A. Kornberg)는 1959년 노벨 생리의학상을 수상하였다. 콘버그를 비롯한 많은 학자들의 노력으로 지금까지 이루어진 핵산물질의 복제에 관한 연구결과를 본다면 DNA에 작용하는 많은 효소와 이들의 개별적인 기능은 밝혀졌지만, 이들이 어떤 상호작용으로 3차원 구조의 단백질 분자를 만드는 데 어떠한 역할을 하는지에 대한 연구는 더욱 진전되어야 충분한 설명이 가능하다. 최근의 생명의 기원을 밝히려는 연구에서 중요한 주제 가운데 하나로 떠오른 것은 인중합체(polyphosphate)이다. 박테리아로부터 사람에 이르기까지 모든 생명체에 존재하면서 에너지의 흐름에 관여하는 이 물질에 대한 설명도 가능해야 한다. 이에 대한 연구의 목적은 생명체가 무기물로부터 탄생하여 진화하는 데 필요한 물질의 변화를 밝히는 과정에서 매우 중요한 가늠자로 이용될 수 있기 때문이다.

분자유전학은 진화생물학을 설명하고 분자적인 접근방식으로 진화론을 설명하고 있다. 내부에서 일어나는 유전적인 과정은 종의 진화를 예견하기 때문이다. 유전자의 변화에서도 조절유전자의 역할은 구조유전자의 발현과 개시 또는 중단에 관한 여러 가지 기능에 관여하기 때문에 계통적인 분화과정을 설명할 수 있는 방법과 수단이 되기도 한다. 어쨌거나 진화의 사실을 부정할 수 없음은 엄연한 과학적인 사실이기는 하지만 생명의 기원에 대한 문제는 아직까지도 명쾌하게 설명하지 못하고 신비의 베일에 감춰진 채 의문을 던져 주고 있다. 아무래도 생명이라는 문제는 물질적인 면을 바탕으로 하면서도 정신적인 측면에서 접근하여 해결할 수 있을 때 비로소 얼마만큼 풀리는 것이 아닐까 생각하게 된다.

● 분자 수준에서 보는 진화론

과학의 발전에 힘입어 생명현상에 대해서 밝혀진 새로운 사실들을 중심으로 진화론에 대한 문제를 생각해 보면, 이제까지 알려진 진화론에서와 다른 점을 느낄 수 있다. 많은 경우에서 나타나는 것처럼 생물체들이 살아가는 모습은 심각한 경쟁이라기보다는 오히려 협동(協同)적인 행동을 보이고 있으며, 그러한 생명현상에서는 최소한의 에너지를 이용하고 있다. 더구나 생물체들이 환경에 적응해 가는 과정은 점진적이라기보다는 오히려 급진적인 변화를 보이기도 한다는 비판적인 견해가 드러나기도 한다. 그러므로 지금까지 알려진 진화론의 타당성은 분명히 존중되기는 하지만, 생명의 역사 속에서는 진화론만으로 설명되지 않는 부분이 많다는 것은 과학의 발전에 따라 근래에 이루어진 연구 성과의 일부이기도 하다.

생물의 진화를 설명할 때, '자연선택이 아니다'라는 것만으로 진화론 자체를 부정해서는 안 된다. 지금까지 우리가 배우며 지켜온 진화론에 대한 설명은 대부분이 개체 수준에서 나타나는 현상을 보고 설명한 것이고, 이러한 설명의 대부분은 처음 시작부터 전혀 다른 것이 아니라 하나로부터 비롯되었다는 진화론의 설명에는 부분적으로 수정되어야 할 부분이 들어 있다는 것이 중요한 점이다. 따라서 부분적으로 수정된다는 것과 전체적으로 부정된다는 것은 분명히 다른 의미이다.

생물학의 발전에 따라 생명의 신비를 설명하는 방법도 개체로부터 세포를 이용하였고, 더 나아가 세포를 구성하고 있는 생물분자(biomolecule)를 동원하여 생명의 신비를 풀어 보려고 노력하고 있다. 단백질을 비롯하여 지질, 탄수화물 핵산의 생물분자를 구성하는 원소를 살펴 보면, 생물체만이 특별히 갖고 있는 원소는 존재하지 않는다. 이러한 사실은 생물분자를 구성하는 것은 자연계에 널려 있는 원소들이며, 무기물로부터 생물체를 구성하는 유기물이 이루어진 것을 나타내 준다. 그리고 모든 생물체가 보여 주는 생물분자에서의 화학적인 유사성은 생화학적으로 보더라도 세균으로부터 사람에 이르기까지 공통으로 가지고 있는 생물적인 유산으로 볼 수 있다. 다시 말하자면 생물체가 가지는 생물분자는 모두가 같은 광학적 이성체의 방향성(chirality)을 가진다. 이로부터 모든 생물체는 적어도 공동의 조상을 가진다는 것을 헤아려 볼 수 있다.

모든 생물체에서는 'DNA로부터 RNA가 만들어지고 RNA로부터 단백질이 만들어진다'라는 단백질 생합성 과정의 가장 기본적인 원리를 우리는 중심명제(central dogma, 또는 중심주의라고도 한다)라 부른다. 핵산은 DNA와 RNA의 두 종류가 있는데, DNA로부터 mRNA(전령 RNA)가 만들어지는 과정을 전사(transcription)라고 부르고 mRNA의 암호에 따라 단백질이 만들어지는 과정을 번역(translation)이라 부른다. 자연 속에서 살고 있는 대부분의 생물은 겹가닥의 DNA로 구성되는 염색체를 가지며 외가닥의 mRNA와 tRNA 및 rRNA를 세포 안에 지니고 있다. 그러므로 유전자를 이루는 DNA로부터 DNA가 복제되는 것은 당연한 일이며, RNA로부터 RNA가 복제되는 것도 바이러스에서는 가능하다. 특별히 RNA로부터 DNA가 복제되는 것은 특수한 바이러스에서 나타나는 현상으로 우리는 이것을 역전사(reverse transcription)라고 부른다. 그러나 아직까지 단백질로부터 RNA가 만들어지거나 단백질이 스스로 복제한다는 실험 결과는 알려지지 않고 있다. 단백질의 특성을 나타내는 가장 단순한 프리온(prion)이라는 존재는 가축에서 병을 유발시키는 것으로 보아 어떠한 방법으로든지 증식하는 것이 아닌가라는 의문을 제기하여 여러 학자들이 이에 대한 연구를 계속하고 있다. 만약에 이러한 과정이 자연계에 존재하고 있다는 사실이 알려진다면 생명의 기원에 대한 설명은 처음부터 새롭게 정리되어야 할 정도로 중요한 의미를 가질 것이다.

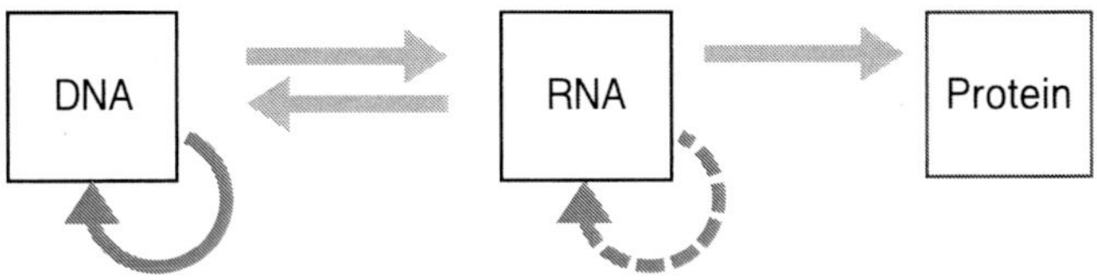

생물체에서 변화가 있으려면 유전자를 이루는 핵산의 변화가 필수적이다. 무작위적인 DNA에서의 변화보다도 조절유전자에 따라 발현과정에서 나타나는 유전자의 변화에 의해서 이루어진다는 것이 이해하기 쉽다. 생물의 발생(development) 과정은 하나의 세포로부터 개체가 형성되는 것을 말한다. 생물에서는 하나의 생물체로 만들어지는 모든 과정이 유전자라는 물질로 정리되어 미리 정해진 발생과정에 따라 진행되므로, 이미 수억 년 동안에 걸쳐 진행되어 한 종으로 만들어진 진화과정을 처음부터 되풀이할 필요는 없다. 생물체가 만들어질 때, 유전자의 조절과정으로 분화(differentiation)와 조절(coordination)이 포함된다. 분화와 조절을 비롯한 생물에서의 모든 대사작용은 효소를 이용한 생물반응이다. 세균과 포유동물의 세포 안에서 일어나는 대사과정에 이용되는 효소의 90% 이상이 같다. 이러한 사실은 진화과정에 대한 분자유전학적인 설명의 길을 열어 주고 있다. 더구나 최근의 생물학적인 발전에 힘입어 각종 세포의 DNA를 비교하는 진화적 계통수(evolutionary tree)의 연구를 진화에 대한 설명으로 이용하기도 한다.

물질은 많은 능력을 가지고 있지만 또한 동시에 한계를 가지기도 한다. 물질이 변화하기 위해서는 내부에 있든가 외부에 있든가 필요한 에너지가 있어야 한다. 물이 얼음이 되거나 수증기가 되기 위해서는 온도의 변화가 선행되어야 한다. 생물물질의 변화가 있기 위해서는 마찬가지로 생물분자(biomolecule)에서의 변화가 있어야 한다. 생물물질의 변화에는 에너지는 물론이고 자체가 가지고 있는 자발성이 있어야 하는데, 이것을 내재적인 힘이라고 표현할 수도 있다. 적어도 생물분자인 단백질은 생물체에서만 만들어진다. 그렇지만 단백질을 만들기 위해서는 핵산물질이 유전정보(또는 유전암호)로 다듬어져 있어야 한다. 실제로 단백질을 구성하는 하나의 아미노산을 만들기 위한 정보는 세 개의 핵산염기인 삼염기 정보(triplet code)로 구성되는데, 아미노산의 하나인 류신(leucine)을 만들기 위한 핵산의 유전정보는 하나뿐이 아니라 6개가 있다. 이것은 하나의 아미노산을 만들기 위해서 단 하나의 유전정보를 가지는 것은 아니기 때문에 생물분자의 생합성에 필요한 유전정보는 단순한 체계가 아닌 복잡성을 가지는 특성의 하나인지도 모른다. 예를 들자면 생물체에서만 만들어지는 단백질이 동 · 식물의 기본물질로 이용되는 것은 어떠한 방향성이거나 또는 목적성을 가지는 것으로 일종의 정신과학적인 측면을 보여 주기도 한다. 하나의 생물분자가 만들어지더라도 "하필이면 왜 그러한 목적을 가지고 만들어지는가?"라는 의문에 대해서는 어느 누구도 시원스럽게 설명해 주지 못한다. 생물분자가 만들어져야 하는 당위성이나 목적성은 인정하지만, 아직도 이에 대한 구체적인 설명은 이루어지지 않고 있는 형편이다. 다만 생물들이 자기 조절적인 특성을 가지면서 개체를 형성한다는 것을 느끼고 있는 정도이다. 이러한 의미를 가진다는 것만도 복잡성 이론을 중심으로 생각할 때에 사람들이 진화에 대해서 새로운 관점에서 본다는 것을 의미하는 정도의 변화라고 할 수 있다.

고등동물의 염색체 유전자에는 반복되는 DNA의 염기서열(repeated DNA sequence)이 존재한다. 이것이 특별한 조절 유전자의 작용에 힘입어 새로운 유전자로 변화하면서 다시 새로운 종으로서의 탄생이 가능한 것인지는 지금까지도 의문이다. 그러나 이러한 DNA의 내부에서 자율적인 과정이 첨가된다면 새로운 종의 출현 가능성이 어느 정도 가능할 것으로 여겨진다. 그러나 이러한 과정은 무작위로 일어나는 것은 아닐 것이다. 여기에는 적어도 외부적인 형태를 결정할 수 있는 제한 요인이 있을 뿐만 아니라, 이러한 반응이 일어날 수 있는 내부적인 힘이 분명히 존재해야만 가능할 것이다.

지금까지 연구된 유전학적인 지식으로는 교배 육종에 의해서 새로운 종이 만들어지지는 못한다고 알려졌다. 그러나 새로운 종은 아니더라도 기존의 종과 유사한 변이종으로의 변화는 충분히 가능하다. 식물의 경우에서 본다면 염색체의 배가현상(chromosomal doubling)에 따라서 새로운 변이종이 만들어지는 예를 설명할 수 있다. 사람들은 필요에 따라 두 가지 종류의 식물을 합쳐 새로운 종류를 만들어내기도 한다. 양란의 일종인 덴드로비움(*Dendrobium*) 속과 팔레놉시스(*Palenopsis*) 속의 난을 교잡시켜 두 종류의 좋은 점을 합친 덴파레(*Denpale*)라는 종류를 만들어 내었다. 동물의 경우에도 암말과 수나귀의 잡종강세로 만들어낸 노새의 경우를 찾아볼 수 있다. 노새는 스스로 번식할 수는 없지만, 체질이 강건하고 관리가 쉬운 경제적인 동물이므로 일 짐승으로 많이 이용되고 있다.

진화에서 초자연적인 힘이나 신적인 존재를 배제한 것은 다윈에 의해서부터이지만, 과학적인 발전이 이루어진 지금까지도 생물물질의 방향성이나 목적성에 대해서는 어떠한 말로도 설명하지 못하고 다만 생명 탄생에서의 신비라는 말로 풀이하고 있다. 생물학의 발전에 힘입어 진화론에 대한 설명도 최근에는 많이 변화하고 있다. 다윈이 제창하였을 당시와 비교해서 새로운 생물학적인 지식이 첨가되었고 따라서 새로운 해석이 필요하게 되었다. 개체로부터 시작된 생물에 대한 설명은 세포를 거쳐 생물분자에 대한 설명으로 이어지고 있다. 앞으로 생물분자의 생성목적과 에너지의 흐름을 통한 생물분자의 변화과정이 설명될 수 있다면, 이것은 분명히 현대 생물학에서 생명의 신비를 벗기는 새로운 혁명이 될 것이다. 이와 더불어 진화론에 대한 설명도 자연계에서 발견되는 생물들 사이에서의 협동관계, 생존목적의 이해, 생명현상의 효율성 그리고 환경과의 조화 등에 대한 문제를 새롭게 해석하면서 이들을 중심으로 이루어지는 '새로운 진화론'으로 나아가고 있다.

V. 새로운 환경과 생물의 적응

생물과 환경의 조화

모든 생물들은 자신이 살고 있는 환경 속에서 살아남기에 가장 알맞은 방법을 찾아내고 그러한 방법을 상황에 맞추어 유효적절하게 이용할 수 있는 능력을 가지고 있다. 생물이 지니고 있는 환경적응 능력을 살펴볼 때마다 생물의 노력은 결코 헛되지 아니하며 그들의 환경적응 노력은 숭고하게까지 느껴지며 저절로 고개가 숙여진다. 모든 생물은 제각기 크고 작은 몸집을 갖추고 있는데, 자기 몸집에 맞추어 환경 속에서 가장 적당하다고 생각되는 생활방법을 나름대로 터득해 내고 그 방법을 후손에게까지 물려 주는 것이다.

몸집이 거대한 인도코끼리 수컷은 몸무게가 8톤(t)이나 되고 아프리카코끼리 수컷도 몸무게가 6.5톤이나 나간다. 암컷은 수컷보다도 몸무게가 조금 덜 나간다. 이렇게 거대한 몸집을 가지면서도 생활에 필요한 몸의 움직임은 매우 유연하다. 코끼리가 재치 있고 부드럽게 움직일 수 있는 원동력은 코끼리의 뼈대구조에 있다. 아래 발바닥에 해당하는 부분은 무게의 충격을 완화시킬 수 있도록 굳은 살덩어리로 뒤꿈치 부분을 받쳐 주게 되어 있다. 그리고 움직임의 효율을 높이기 위해 뼈대가 지렛대의 역할을 할 수 있는 구조로 되어 있다.

새는 공중을 나는 일이 무엇보다도 중요하므로 몸의 각 부분을 날기에 가장 알맞도록 발전시켰다. 새들은 중력을 이기고 공중으로 떠올라야 하므로 몸무게를 가볍게 하는 것이 무엇보다도 중요하다. 따라서 내부의 뼈는 가볍고 큰 힘을 발휘할 수 있는 특수한 구조를 갖추고 있다. 뼈의 속이 비었기에 무게를 줄이면서 파이프와 같이 강한 힘을 발휘하는 것은 당연한 일이며, 뼈의 내부를 가로지르는 가느다란 뼈들은 바깥의 큰 뼈를 지탱해 주는 능력을 갖추고 있다. 이것은 마치 철교에서의 트러스트 공법으로 서로를 연결시켜 큰 힘을 발휘하는 공학적인 기법과도 같다.

새의 깃털은 하늘을 날 때 몸체 표면의 마찰을 줄이면서도 날개의 크기를 크게 하거나 작도록 조절하는 데 도움이 된다. 또한 새들은 날개를 펴고 접을 때에 깃털을 편리하게 접어서 정리하는 방법을 고안하였다. 날개를 펼칠 때에는 양력을 크게 하여 잘 떠 있고 미끄러지기 쉽게 하지만, 날갯짓을 할 때에는 알맞은 방향으로 가지런히 정리하여 힘을 가장 잘 이용할 수 있도록 배열한다. 깃털의 겉면에 기름기를 묻힘으로써 마찰을 줄여 잘 미끄러지게 하는 것은 물론이고 햇빛의 반사를 높임으로써 아름다운 색깔을 자랑할 수 있도록 해주기도 한다. 그러므로 대부분의 새들은 시간이 나는 대로 지방샘에서 기름기를 부리에 묻혀서 깃털을 다듬는 것이다. 깃털을 다듬는 작업은 새에게는 생존과 번식을 위한 매우 중요한 작업 중 하나이다.

새의 깃털 위에 물방울을 떨어뜨리면 주르르 흘러내리는 것만 보아도 깃털은 물에 젖지 않는다는 것을 쉽게 알 수 있다. 물가에서 살면서 물고기를 잡아먹고 사는 새들에게도 깃털의 배수성은 대단히 중요하다. 그러므로 어떻게 해서든지 시간이 나는 대로 깃털을 기름기로 다듬어서 항상 물에 젖지 않도록 갈무리해 둔다. 우리가 잘 아는 오리의 경우를 보더라도 시간만 있으면 날개는 물론이고 배 밑의 털과 가슴 털까지 기름기를 묻혀 가면서 정리하는 모습을 볼 수 있다. 이 외에도 햇빛을 바라보며 두 발을 곧추세운 후 날개를 크게 펼치고 날개의 깃털은 물론이고 가슴 털과 배의 털까지도 햇볕에 말리는 것도 모두 같은 이유에서이다.

그러나 특이하게도 건조지대에서 살고 있는 새들은 또 다른 특이한 방법을 보여준다. 둥지 속의 새끼도 역시 더위를 피하는 방법으로 물을 뿌리고 영양분의 일부로 물을 섭취하여야 한다. 따라서 새끼에게 필요한 물은 먹이와 함께 어미 새가 공급해 주어야 하는데, 물을 공급해주는 방법이 대단히 독특하다. 어미 새는 자기의 가슴 털에 물기를 묻혀 새끼가 기다리는 둥지까지 날라와 새끼에게 먹이는 방법을 고안하였다. 이러한 어미 새의 가슴 털은 마치 스펀지처럼 물기를 머금도록 하여 둥지로 날라와 새끼에게 전해 주는 것이다. 물론 평상시 가슴 털을 건조시키고 기름기로 마무리하는 것은 다른 새들과 마찬가지이다.

한편 새들의 깃털은 종류에 따라 여러 가지 색깔과 모습으로 바뀌어 있다. 새들은 깃털의 색깔을 형편에 따라 마음대로 바꾸지는 못하므로 자신이 사는 환경에 맞추어 처음부터 환경과 알맞게 조화시키고 있다. 어떤 새는 의태 색으로 나무줄기의 모습과 색깔이 비슷하여 다른 종류의 동물이 보더라도 쉽게 구별할 수 없게 위장하기도 한다. 올빼미는 목의 움직이는 방향을 270도까지 회전할 수 있으며 얼굴의 뒤쪽에는 눈처럼 보이는 무늬를 가지고 있으므로 뒤에서 공격하려는 적을 당황하게 만들기도 한다. 이렇게 새들의 경우만 보더라도 살아가는 환경에 맞추어 독특한 모습을 갖추고 있음을 알 수 있다. 오랜 기간 동안 살면서 모든 생물들은 어떠한 방법으로든지 자신이 살고 있는 환경조건에 맞추어 적응할 수 있는 방법을 터득한다는 것은 모든 생물들이 한결같이 갖추고 있는 특징이라고 설명할 수 있다. 그러기에 생물체의 변화는 아무래도 생물들이 환경에 적응하면서 나타나는 변화가 가장 커다란 원인이라고 볼 수 있다.

● 들고양이와 까치

시간의 흐름 속에서 생태계는 드러나지 않게 조금씩 항상 변화하고 있다. 우리가 살고 있는 생활 주변에서도 생태계는 우리가 느낄 수 있을 정도로 항상 변화를 일으키고 있다. 그러한 사실은 몇 년이 지나는 동안에 불현듯 느껴지는 경우가 많이 있다. 사람들과 함께 생활하는 동물 가운데 개와 고양이는 대표적인 동물이다. '개는 주인을 따르고 고양이는 집을 따른다'는 이야기는 이들이 지닌 생태적인 특성을 단적으로 나타내고 있다.

우리의 생활방식도 옛날과 비교해 보면 대단히 많이 바뀌었다. 울타리로 둘러싸인 마당집에서 살던 생활이 고층으로 치솟은 아파트에서 사는 생활로 어느덧 바뀌었다. 따라서 이제까지 우리나라에서 길러 온 토종의 개와 고양이의 숫자는 날로 줄어들고 대신에 이제까지 드물게 보아 오던 외래동물의 종류나 품종이 애완동물로 점차 그 숫자가 늘어나고 있다. 개의 품종도 많이 개발되어 필요와 기호에 맞추어 우리 생활 주변에 친숙한 변화를 가져왔지만 고양이의 품종은 개에 비하여 큰 변화를 가져오지 않았다.

이제까지 집안의 따뜻한 곳을 삶의 터전으로 하던 고양이는 사람들의 생활이 변화됨에 따라 생활터전을 잃어버리게 되었다. 고양이는 집에서 벗어나 흩어지면서 쉽게 야성을 회복하고, 많은 경우 들고양이로 변해 버렸다. 이들은 도시 가운데에서도 도둑고양이 상태로 쓰레기통을 뒤지며 사는 경우도 많지만 도시 근교의 지역에서는 들고양이로 변한 채 그 숫자가 급속도로 증가하는 추세를 보이고 있다. 다시 말하자면 사람들의 생활 테두리 안에서 쉽게 먹이를 구하면서 새로운 삶의 터전을 마련하고 있는 것이다. 어렵지 않게 야성을 회복하여 새로운 생태계에 적응하면서 새로운 변종처럼 자리를 잡아가고 있는 것이다.

고양이와 같이 환경의 변화에 적응하며 살고 있는 동물의 예는 우리가 조금만 주위를 눈여겨본다면 쉽게 찾아볼 수 있다. 들고양이의 경우와 비슷하게 인간의 생활 근거지를 공유하면서 종의 숫자를 늘려가는 동물로는 청설모가 있다. 최근 도시 근교의 숲을 중심으로 나뭇가지를 건너뛰는 다람쥐 비슷한 검정색 청설모의 모습을 어렵지 않게 볼 수 있다. 그리고 이들의 숫자는 이전과 비교해 보면 눈에 띄게 늘어가고 있다. 바로 이러한 사례들이 생태계 안에서 나타나고 있는 환경과의 조화나 적응인 셈이다.

사람들의 생활과 밀접하게 연관되면서 집단을 유지하는 생물로는 우리 주위에 널리 알려져 있는 까치를 들 수 있다. 까치는 삼국사기와 삼국유사를 비롯한 옛 문헌에서도 기록을 찾아볼 수 있듯이 우리 민족의 정서로 본다면 길조(吉鳥)로 인식되어 사람들과 친근함을 유지하고 있다. 최근 실험을 통해 까치는 작은 섬에서는 살지 못한다는 것이 밝혀졌다. 사람들과 생활의 터전을 공유하면서 쉽게 먹이를 구할 수 있어야 한다는 이유에서이다. 실제로 제주도와 울릉도에 까치를 인위적으로 이식한 결과를 보면 울릉도에서는 정착하지 못했으나 제주도에서는 정착하여 그 숫자가 불어나고 있다. 현재 제주도에서는 까치가 자신과 같은 먹이를 먹는 까마귀 같은 다른 새들을 쫓아내는 새로운 경쟁이 일어나고 있다.

까치는 주로 인가 근처의 활엽수에 둥지를 틀고 쥐, 뱀, 개구리 등의 동물성 먹이뿐만 아니라 곡식, 과일 등의 식물성 먹이에 이르기까지 가리지 않고 먹는 잡식성 조류이다. 물론 공해가 심해지는 대도시에서는 생활의 터전을 잃어가고 있지만, 아직도 상당수의 까치는 주택가에 둥지를 틀고 환경에 적응하면서 살고 있다. 공해라는 악조건을 이겨 내면서 인가 근처에서 살고 있는 까치의 끈질긴 생명력은 환경 적응의 한 현상으로 해석할 수도 있다.

생태계 안에서 어떤 종의 수적인 증가는 다른 종에게 영향을 끼치듯이 까치의 수가 늘어남으로써 사람들에게 미치는 영향도 있다. 최근에 숫자가 늘어난 까치들이 전신주 위에 둥지를 틀면서 정전사고를 일으키는 일이 빈번해지고 있다. 공사장 둥지에서 철사조각까지 물어와 둥지를 만들면서 고압선을 건드리는 경우가 있고, 비가 오는 날에는 흐르는 빗물에 전기가 흘러 정전사고의 위험이 더욱 커지기 때문에 까치가 둥지를 트는 봄철이 되면 주의가 필요하다.

집에서 벗어나 야생화 길로 들어선 고양이들이 도시 주변의 숲 속에 대량으로 서식하는 것은 생태계의 변화를 이야기하고 있다. 잡식성인 이 고양이들은 다람쥐는 물론이고 청설모나 작은 새, 비둘기, 꿩을 비롯하여 심지어는 개울가에서 가재나 개구리까지 닥치는 대로 잡아먹고 있다. 고양이를 먹이로 삼을 만한 여우나 늑대 등의 맹수나 매와 수리 등의 맹금류가 거의 없는 상태에서 야생 고양이는 이미 산과 들에서 동물의 왕으로 군림하면서 생태계의 파괴를 주도하고 있다.

야생 고양이의 유일한 천적은 사람이 될 수밖에 없는 상황이므로 생태계의 보호를 위해서도 시급히 야생 고양이를 적절한 방법으로 제거해야만 한다. 고양이만 잡을 수 있는 크기의 덫을 사용하는 방법도 생각할 수 있으며, 특히 번식기에는 왕성한 식욕을 보이므로 미끼를 개발함과 아울러 번식기에 맞추어 번식처를 찾아내어 소탕작전을 벌이는 것도 효과적인 방법이 될 수 있을 것이다.

우리가 느낄 수 없는 시간의 흐름 속에서 변화해 가는 생태계 안에서 드러나는 생물의 변화과정은 앞으로 어떠한 영향을 끼치게 되는지 정확히 알 수는 없다. 다만 시간을 두고 생태계 안에서의 변화와 영향을 조사하면서 새로운 생활형태가 어떻게 정착되어 가는지 조사하고 분석하여 평가하는 것이 매우 중요하다.

습지에서의 생태계 보존

생태계의 변화는 뭍에서만 일어나는 것이 아니다. 물속에서도 이미 물고기 서식환경의 변화가 일어나고 있다. 물고기는 어떤 먹이를 이용하느냐에 따라 육식성과 초식성 물고기로 나눌 수 있다. 간단히 말하자면 낚시할 때 어떤 미끼를 쓰느냐에 따라 잡히는 물고기가 다르다. 지렁이를 비롯한 동물성 미끼를 써서 잡는 물고기는 육식성 물고기인 셈이다. 민물에 사는 대표적인 육식성 물고기로는 붕어와 잉어를 꼽을 수 있다.

내륙의 강과 호수에서 외국으로부터 도입된 물고기들이 양식장을 벗어나 무서운 속도로 번식하면서 자연생태계의 질서를 파괴하고 있다. 높은 번식력과 왕성한 식욕을 자랑하는 블루길(blue gill, 파랑 볼우럭)과 배스(bass, 농어류)는 호수 안의 붕어와 잉어 등 토착 어종의 치어와 알을 닥치는 대로 먹어 치우며 물속 난폭자로 군림하고 있다. 이제까지 유지되어 온 자연의 질서에서는 이들의 번식을 억제할 수 있는 천적이 없는 형편이다. 그러므로 호수 안의 물고기를 잡아먹는 이들 외국산 어종의 물고기는 이제 점차 그 서식지를 강의 하류까지 넓혀 가고 있다.

내륙의 저수지인 안동호나 덕동호에서 주목을 끌고 있는 외국산 물고기는 중국에서 들어온 대형 초식어종인 초어(草魚)와 백연어이다. 이들은 풀을 먹이로 하는 초식성 물고기로, 몸길이는 1~2m에 달하며 몸무게도 60~70kg에 이른다. 호수 안에서 떼를 지어 번식하는 이들은 연안의 물풀을 모두 먹어버려 물속에서의 산소공

급을 막아버리고 결과적으로 수질의 자정능력을 떨어뜨려 생태계를 위험에 빠뜨린다. 조만간에 닥치게 될 생태계의 위험을 미리 예방하기 위해서라도 이러한 대형 물고기를 식용이나 사료용으로 이용하는 방법을 모색하여 생태계를 보존해야 한다.

개구리는 물과 육지 양쪽에 사는 동물이므로 양서류(兩棲類)로 구분된다. 우리나라에는 12종이 살고 있지만 세계적으로는 3,800종이나 분포하고 있다. 우리나라에서 먹을거리가 부족했던 시절에는 단백질원으로 개구리를 잡아먹기도 했었지만 요즈음에는 주로 약용이나 약재로 많이 이용되고 있다.

1970년대 초부터 미국에서 식용으로 도입된 황소개구리(bullfrog에서 이름이 비롯되었다)는 요즈음 전국으로 서식지를 확대하면서 토종 개구리를 몰아내고 그 자리를 대신하고 있다. 처음에는 농가 소득을 올리려는 목적으로 도입되었던 것이었지만 예상과 달리 우리나라에서는 개구리요리가 일반화되지 않았기 때문에 그 가치를 잃어버렸고, 드디어는 사육장을 벗어나 자유롭게 번식하기에 이르렀다.

황소개구리는 이름 그대로 큰 몸집을 지니고 번식력이 왕성한 종류이다. 올챙이 때의 몸 크기가 이미 다 자란 참개구리만 하고, 3년이 지나면 몸길이가 18cm 정도이며 다리를 펴면 40cm에 이른다. 더군다나 황소개구리는 저수지를 비롯한 물속에서 각종 수서곤충은 물론이고 토종 개구리, 물고기, 새우, 달팽이, 거미, 지네, 심지어는 뱀까지도 닥치는 대로 잡아먹고 있다. 황소개구리가 모인 곳에 다른 동물이 접근하면 '깍, 깍' 소리를 내어 동료들에게 위험을 알리고 도망친다고 한다.

우리나라에서 가장 넓은 70만평 규모의 자연 늪인 경남 창녕군 우포늪 자연 학습지에서는 환경단체 주관으로 황소개구리 낚시대회가 열릴 정도로 황소개구리에 의한 환경파괴는 심각한 정도에 이르고 있다. 원래 식용으로 도입되었던 터이므로 황소개구리를 건강식품으로 개발하여 먹어서 없애자는 이야기도 있지만, 일반인들이 호응할지 의문이며 수요가 많아지면 또다시 양식이 되풀이될 것이라는 문제를 안고 있다. 아무래도 식용보다는 약용으로의 가능성만 남아 있는 황소개구리를 여러 가지 한약재와 함께 소주로 내려 엑기스를 만들어 판매하는 곳도 최근에 생겨났다. 어쨌거나 토종 개구리의 몇 배나 되는 번식력에는 거의 속수무책인 상태이므로 번식기를 맞이하여 알을 제거하는 방법도 있고 심지어는 봉사활동의 일환으로 황소개구리를 잡게 하자는 아이디어도 나오는 형편이다.

내륙의 강과 호수 및 습지를 비롯한 생태계에서는 오랫동안 지켜 온 자연생태계의 보존에 비상이 걸렸다. 물속에서는 블루길, 배스, 초어, 백연어 등의 외국산 물고기들이 서식처를 점령하여 토착 어종의 씨를 말리고 있고, 습지에서도 황소개구리가 왕성한 식욕과 번식력으로 자연의 질서를 파괴하는 무법자로 등장하고 있기 때문이다. 이러한 외국산 도입종들도 생물이기에 스스로 환경에 적응하며 서식처를 확보한 것이므로 이들 또한 시간이 지나면서 자연의 질서 속에서 자리를 잡아갈 것이라고 언뜻 생각할 수도 있다. 그렇지만 이들은 자연적인 환경질서에 따라 서식처를 확보한 것이 아니라 인위적으로 도입되어 자연의 질서를 파괴하면서 토종동물의 서식처를 점령해 버린 것이다. 따라서 이들에 의해 파괴되는 생태계는 그대로 내버려둘 수 없고 빠른 시간 안에 이전의 상태로 어떻게 해서든지 되돌려야 한다는 당위성이 있다.

환경부에서도 이들 외국산 도입종들의 생태계 파괴를 더 이상 방치해서는 안 될 것으로 생각하여 행동지침을 마련하였다. 황소개구리를 '인위적 박멸이 필요한 생물'로 지정하고 본격적인 포획을 선언하였다. 그리고 1997년에는 5월 24일을 황소개구리 잡는 날로 삼아 전국적인 행사를 벌이기도 하였다. 그러나 이러한 인위적인 행사만으로는 황소개구리의 퇴치를 기대하기는 어렵다. 이제까지 쥐잡기 행사도 벌였고 송충이를 잡는 행사도 대대적으로 벌였지만 큰 효과를 거두지 못하였고, 많은 사람들에게 위험하다는 의식을 심어 주었던 경험을 가지고 있다. 이러한 행사는 많은 사람들에게 생태계 파괴의 경각심을 일깨워 주고 환경보호 의식을 심어 주어 외래동물을 퇴치할 수 있다는 적극적인 자세를 가지게 하는 데 큰 뜻이 있다.

현재는 너구리, 뱀, 왜가리 등 천적이 있고 서식지가 파괴되는 등의 이유로 황소개구리가 많이 줄어들고 있다. 최근에 이르러 환경적인 문제를 일으키는 황소개구리는 또 다른 외래동물인 붉은귀거북이 우리나라 환경에 적응하고 살아남으면서 그 숫자가 서서히 줄어들고 있어 다행스럽기는 하다. 그렇지만 황소개구리의 천적으로 나타난 붉은귀거북이 우리나라의 자연에서 어쩌면 또 다른 환경 문제를 일으킬 수도 있다는 점을 가볍게 보아 넘겨서도 안 될 것이다. 어쨌거나 우리가 벌여온 무분별한 개발과 환경오염으로 자연생태계의 파괴가 심각한 요즈음에 외래종까지 한몫을 거들게 방치해서는 안 될 일이다. 그러므로 토종동물을 살리고 자연생태계의 보호를 위해서도 황소개구리나 외국산 어종을 생태적으로 조절할 수 있는 효과적인 방법이 시급히 마련되어야 할 것이다.

● 생물의 수명

지금까지 살아 있는 생물체 가운데 가장 오랫동안 살고 있는 것은 어느 것일까? 사람은 아무리 오래 산다고 하더라도 120년을 넘기기가 어렵다. 전설상의 이야기로는 위스키 '올드 파(Old Parr)'의 상표에 실린 '토마스 파'라는 사람이 152세까지 살았다고 전한다. 프랑스의 칼망(Jeanne Louis Calment) 여사는 1875년 2월 21일생으로 1997년 8월 4일 사망할 때까지 122세를 살았다. 1995년에는 120세의 나이인데도 아직까지 그의 기억력이 또렷하고 옆 사람과 충분히 대화를 나눌 정도로 건강상태가 양호한 것은 인구 학자들의 눈에도 가히 예상을 뛰어넘는 정도라고 한다. 그래서 1995년에 그녀의 삶에 대한 프랑스 다큐멘터리 영화 〈Beyond 120 Years with Jeanne Calment〉가 개봉되기도 하였다. 잔 칼망이 죽은 뒤에는 캐나다의 117세 된 여성 마리-루이즈 메일뢰르(Marie-Louise Meilleur)가 세계 최고령자가 되어 있다고 〈위키피디아〉가 전하고 있다.

사람들은 이렇듯 오래전부터 장수를 기원하며 살아 왔고, 오래 산다는 학과 거북이 등을 영물(靈物)이라고 여기며 신성하게 생각하였다. 등뼈동물 가운데 가장 오래 산다는 거북의 수명은 대체로 사람의 수명과 비슷하지만 확실히 100년을 넘게 사는 경우도 있다고 한다. 다윈이 1835년 비글호를 타고 탐험하였던 갈라파고스는 적도의 나라 에콰도르에서 서쪽으로 965km 떨어져 있다. 이 섬에는 특이하고 희귀한 동물이 많다. 갈라파고스라는 말은 스페인어로 '거북이'를 일컫는데, 이 섬의 상징 동물이 바로 코끼리거북이다. 몸무게가 200kg이 넘는 코끼리거북은 세상에서 가장 오래 사는 동물로도 유명하다. 그 육중한 몸으로 무려 150년을 산다고 한다. 하지만 이들 코끼리거북을 19세기에 포경선들이 식용으로 마구 잡아가고 또 그 알은 다른 동물의 먹이가 되어 한때 멸종 위기에 놓이기도 했으나 지금은 사람들의 보호로 겨우 그 명맥을 이어가고 있다.

거북은 크게 뭍거북과 바다거북으로 나누는데 뭍거북의 수명이 바다거북보다도 길지만 40~50년을 사는 경우가 대부분이다. 1995년 무렵에 동해 바다에서 커다란 거북이 한 마리가 그물에 걸려 올려졌는데, 이 거북이 등껍질이며 목덜미의 비늘로 보아 그 나이가 몇 백 년이라고 추정하면서 동해의 용왕처럼 귀하게 생각하며 가까이 붙들어 두고자 하였던 사람들도 있었다. 그렇지만 많은 사람들은 그 때문에 가뭄이 계속된다고 하여 하루빨리 바다로 되돌려 보내기를 바랐었다. 이러한 바닷가 주민들의 바람도 모두 다 영물을 접해 보는 하나 된 마음이라고 할 수 있다.

최근에 호주에서 새로 발견된 월러미 소나무는 월러미 지역의 공원에서 발견되었기에 그런 이름이 붙었으며, 이 월러미 소나무는 그 뿌리만도 1ha에 걸쳐 뻗어 있는 거대한 나무이다. 더구나 이 소나무는 지금까지 생존하고 있는 가장 오래된 나무로 알려지면서 학자들에게는 흥미의 대상이 되고 있다. 호주 동남부의 레이드산 정상부근에 살고 있는 이 나무는 지금부터 약 1만 5천 년 전부터 지금까지 생존해 온 것이라고 추정하는데, 학자에 따라서는 3~4만 년 전부터 생존한 것이라고 추정하기도 한다. 이렇게 오랜 세월을 살아온 화석식물과도 같은 나무이므로 학자들만이 아니라 일반인들도 이 나무를 실제로 확인해 보고자 하므로 호주에서는 이 소나무를 조직배양법으로 번식시켜서 원하는 사람들에게 제공하면서 소나무 보호정책을 펴고 있다.

이 월러미 소나무가 알려지기 전까지는 미국 남서부의 캘리포니아에 살고 있는 크레오소트 소나무(*Larrea tridentata*)가 1만 1,700살의 나이로 가장 나이가 많은 나무로 알려져 있었다. 이 나무의 나이는 외피에 낀 이끼의 직경이 10cm 이상인 것으로 보아 간접적으로 추정할 수 있었다. 비교적 오래전부터 살아온 나무들은 적어도 몇 천 년 정도의 나이를 보여준다. 아메리카 대륙의 시에라네바다 지역에 살고 있는 세코이아(*Sequoia*) 나무는 4,000년 정도의 나이를 보이는데 군락을 이루면서 살고 있다. 이 가운데 크기가 큰 것은 높이가 110m에 줄기의 지름이 10m를 넘는다. 세코이아는 낙우송 과(科)에 딸린 상록 교목의 속명(屬名)으로 여기에는 빅트리(big tree, *Sequoiadendron giganteum*)와 레드우드(redwood, *Sequoia sempervirens*) 두 종류가 있는데, 빅트리가 더 크고 더 오래 산다. 이렇게 크고 오래된 나무를 보호하기 위해 이들이 살고 있는 지역을 국립공원으로 지정하여 보호하고 있다.

낙우송 과에 속하는 세코이야 나무들이 처음에는 습기가 많은 강 근처에서 살다가 시간이 지나면서 조금씩 위로 옮겨 살게 되어 지금은 산중턱에서 정상 가까이에 이르는 지역에 분포하고 있다. 이러한 사실로부터 '식물은 움직이지 못하는 것이다'라고만 생각하는 우리의 고정관념을 '긴 시간을 거쳐서라도 식물들이 서식지를 스스로 옮겨간 것이다'라는 생각의 변화를 가져다 줄 수 있다고 본다.

고목의 정확한 나이는 기록에 의해서 더듬어 볼 수 있지만, 기록이 없는 경우에는 구전(口傳)이나 나무의 생장상태를 보고 종합하여 추정할 수밖에 없다. 우리나라에서는 몇 백 년 정도에 이르는 많은 종류의 나무들이 천연기념물이나 각 지방의 보호수로 지정되어 보호 받고 있다. 지금까지 129종의 식물이 천연기념물로 지정되어 있는데, 그 대표적인 경우가 천연기념물 1호인 대구시 도동의 측백나무숲, 천연기념물 30호인 용문사 경내의 은행나무, 천연기념물 173호인 대둔산의 왕벚나무 등이다. 그 밖에도 각 지방의 거수 거목은 보호수로 지정되었고 마을마다 당산목으로서 보호 받고 있는 나무들도 상당수이다. 천연기념물 4호인 서울 통의동의 백송도 그러한 예 가운데 하나이다. 이 소나무는 지난 1990년 폭풍우에 쓰러진 후 각별한 회생노력에도 불구하고 얼마 전 그 수명을 다하였다. 백송의 경우에서는 매우 흥미로운 사실이 알려지고 있는데 식물의 생존과 주위 환경에 맞추어 다양한 생육상태를 보인다는 점이다. 지금까지는 백송의 나이가 600년 정도가 된다고 알려져 왔지만 나무 심을 빼내어 첨단기기로 수령을 조사한 결과에 의하면 실제의 수명은 300년 정도밖에 되지 않는다는 것이다. 더구나 공교롭게도 한일합방이 되던 1910년부터 갑자기 생장이 나빠졌다가 해방이 되던 1945년부터는 서서히 생장이 정상으로 되돌아 왔다는 흥미로운 결과를 보여 주고 있다는 것이다. 또한 역사적으로 큰 일이 이루어질 때마다 나무의 밑동이 은백색으로 더욱 하얗게 변했다는 전설이 함께 전해오고 있다. 사실 나라의 큰 재난이 닥칠 때 밤새워 우는 나무는 전국 각지에 있었다고 전하는데, 강진 초락도에 있는 700년 된 느티나무는 한일합방 때에는 밤새워 울었고 해방되던 해에는 웃었다는 이야기가 전하고 있다. 오래된 나무가 가지는 신통력을 믿어온 것이 우리의 전통이었기에 이러한 사실은 앞으로 더욱 조사해 보아야 할 문제이지만 식물의 생장과 환경과의 사이에 어떠한 관계가 있다는 것은 매우 흥미로운 점으로 생각할 수 있을 것이다.

● 환경과 장수

노인이 빨리 죽고 싶다는 말은 장사가 밑진다는 말과 노처녀가 시집가기 싫다는 말과 함께 3대 거짓말에 속한다. 오랫동안 살면서 좋은 세상을 더욱 즐기고 싶은 생각은 모든 사람들의 공통 소망이다. 대체로 동물은 성장기간의 5배 정도를 산다고 볼 때 사람은 120세에서 125세까지 살수 있다고는 하지만 보통 사람들의 수명은 이보다 조금 적게 110세 정도로 잡고 있다. 사람의 수명은 물론 살고 있는 환경에 따라 큰 차이가 나지만, 우리나라에서도 생활수준의 향상, 의술의 발달 그리고 위생환경의 개선에 따라 노인 인구가 점점 증가하고 있다. 광복 전인 1942년에는 우리나라 남자의 평균수명이 42.8세, 여자는 47.1세에 불과하였지만, 1980년에는 남녀 각각 62.7세와 69.1세로 증가하였고, 1995년에는 69.5세, 77.4세로 연장되었으며, 2010년 세계보건기구에서 발표한「2011년 세계보건통계 보고서」에 따르면 남자는 76세 그리고 여성은 83세이다.

평균수명의 수치는 갓 태어난 아이가 언제까지 살 수 있겠는가 하는 추정 값이다. 평균수명은 다른 말로 기대수명이라고도 하는데, 기대수명은 아이가 태어난 후 살 수 있는 기대여명을 말하므로 평균수명이나 기대수명이나 결국은 같은 말이다. 평균수명이 길어졌다는 것은 그만큼 사람이 살고 있는 주위환경이 개선되었다는 것을 의미하기도 한다. 우리나라의 경우에는 특별히 위생환경과 의료기술의 발달로 유아사망률이 현저히 감소되어 자연스럽게 노인의 인구가 증가된 결과이다.

세계에서도 이름난 장수지역으로는 흑해 연안의 코카서스 지방과 남아메리카 에콰도르의 빌카밤바 지역 그리고 서파키스탄의 훈자지방을 꼽을 수 있다. 이 지역의 장수자들에 대한 자세한 조사 결과에 의하면 낙후된 문화 때문에 연령 통계에 과장이 있었다고 한다. 그렇더라도 이 세 곳은 공기도 깨끗하고, 경치도 좋다는 점 외에도 주민들이 스트레스를 느끼지 않고 적당한 운동을 하면서 자연 그대로의 생활을 하고 있다는 공통점을 가지고 있다. 또한 이들의 식생활을 보면 곡류의 주식과 채소 및 과일을 많이 먹고, 부식으로는 낙농제품과 고기로 단백질을 보충하며 기름은 식물성기름을 사용하고 있음을 알 수 있다. 이와 비교하여 우리의 식생활은 동물성 단백질과 지방질의 섭취가 해마다 늘어나서 점차 서구화되는 경향을 보이고 있다. 여기에 건강식품, 장수식품, 정력식품 등이 범람하고 건강관리는 오히려 소홀히 하는 경향을 보이고 있다. 그뿐만 아니라 하루하루의 일과는 긴장의 연속이며, 이에 따른 생존경쟁과 교통지옥, 교육환경, 정치와 사회 등의 모든 환경으로부터 마음 편히 지낼 수가 없다.

우리가 건강을 유지하면서 오래도록 살기 위해서는 이러한 환경을 슬기롭게 극복하여야 한다. 소비 칼로리가 섭취 칼로리보다 많도록 적당한 운동을 규칙적으로 하여 운동부족과 체중과다로부터 벗어나야 할 것이고, 적극적인 활동으로 생활을 즐기는 여유 있는 마음을 가져야 한다. 일은 무엇이든 해 가면서도 취미생활이 있다는 것은 더욱 생활에 활력을 주게 된다. 무조건 수명만 길어지는 것이 아니라 건강하게 오래 사는 데 관심을 가져야 한다. 어떻게 사느냐의 문제는 건강과 함께 삶의 질을 결정하는 중요한 문제의 하나라고 할 것이다.

사람들은 기(氣)가 존재한다고 믿는다. 그렇지만 우리가 느끼는 감각만으로는 잡아내기 어렵다. 어딘가에 분명히 있다고 하더라도 느낄 수 없는 형상으로 존재하고 있기 때문이다. 따라서 사람들은 형태가 없는 무형(無形)이라고 생각하기 쉽지만 사실은 유형(有形)인 것이다. 기가 존재한다는 사실은 온도계나 압력계 등의 보조적인 기구로 어느 정도 검증할 수 있다.

이렇게 기가 존재한다는 사실은 우리를 감싸고 있는 환경에 무엇인가가 들어 있다는 생각을 갖게 한다. 그것은 단순한 움직임이라고 할 수도 있고 생명이라고 할 수도 있다. 다시 말하자면 우리가 살고 있는 주위 환경에 어떠한 움직임 내지는 생명이 있다는 것을 느낄 수 있다. 사람들은 이것을 자연 환경이 가지고 있는 하나의 섭리라고 표현하기도 한다.

자연 환경에 존재하는 생명성은 곧바로 일체성으로 통한다. 그리고 수많은 생물체의 탄생과 성장과 변화는 커다란 '하나'를 만들어 가고 또한 하나로 되어 나타난다. 하나하나의 분자들이 모여 한 개의 자그마한 물체를 이루고 그들이 다시 전체가 되는 하나를 이루듯이, 한 사람 한 사람이 모두 모여 가정과 마을을 이루고 더욱 커다란 사회를 이루어 낸다. 물체나 사회는 모두 각각의 개념으로 정리될 수 있다. 이러한 각각의 하나는 제각기 독립적으로 그치는 것이 아니라 거대한 '하나'를 이루고 있다. 거대한 하나를 이루기 위해서는 모두가 나름대로의 한 부분을 차지하고 맡은 바 일을 충실히 해내야 한다. 이와 같이 모든 생물체뿐만 아니라 물체까지도 생기(生氣)가 상동(常動)하며 끊임없이 순환하면서 거대한 하나를 이루기 위해 천만 가지의 변화를 연출하고 있는 것이다.

태어나서 살아 있는 모든 것은 언젠가 죽기 마련이다. 그렇지만 영원히 죽지 않는 방법이 전혀 없는 것은 아니다. 생물의 한 개체는 수명을 다하고 죽더라도 그 생물의 집단은 끊임없이 존재하게 된다. 이와 같이 한 사람은 비록 죽더라도 인류는 죽지 않는다는 생각이 바로 그것이다. 사람들의 역사와 문화 속에 그리고 사람들이 만들어 낸 환경 속에서 한 사람 한 사람 모두가 자기의 이름으로 한 부분을 차지하면서 오래도록 살아남아 있는 셈이다.

당산나무

자연 속의 모든 대상물체에는 영혼이 깃들어 있다는 사상을 정령주의(精靈主義, animism)라고 부른다. 물론 생명이 없는 산과 큰 돌에도 혼령이 있다고 생각하였는데, 적어도 살아 있는 큰 나무들이 신통력을 발휘한다는 생각은 이미 오래전부터 당연하게 받아들여졌고 그러한 사상이 전통으로 남아서 지금까지 그 맥이 이어지고 있다. 사람들이 모여 사는 마을의 한가운데나 어귀에 오래전부터 살고 있는 큰 나무에는 신성한 기운이 있다 하여 당산나무처럼 마을의 수호신으로 모셨다. 또한 신이 나뭇가지를 타고 내려온다 하여 신목(神木)으로 모시고 숭배하였다. 그래서 우리 조상들은 마을에 우환이 생기거나 풍년을 기원할 때면 당산나무 아래에 제단을 만들어 굿을 하였고, 나무 주변에 새끼줄을 두르고 오색의 천을 매달아 신성한 장소임을 나타내었다. 그리고 마을 사람들이 당산나무 아래에 모여 의식과 모임을 통해 마을의 중요한 일을 결정하면서 마을 공동체의 유대를 함께 한 풍습이 오늘날까지 전해지고 있다.

당산나무는 대체로 모양이 아름답고, 번식력이 강하고 생명력이 긴 장수목을 대상으로 정하였다. 지역에 따라 나무의 서식지가 다르므로 당산나무의 종류도 서로 다르다. 대체로 육지에서는 여러 종류의 낙엽수가 많이 선택되었고, 섬과 해안지방에서는 소나무를 비롯한 동백, 후박, 비자나무들이 많은 사랑을 받았다. '서서 천 년, 누워서 천 년'이라는 말처럼 오랫동안 살아가는 느티나무는 여러 곳에서 당산나무로 대단한 사랑을 받고 있다. 특히 나무의 형태가 둥글고 아름답기 때문에 마을 곳곳에 한두 그루 이상은 심겨져 있으며 한여름의 시원한 그늘을 만들어 주기 때문에 정자로 이용되어 정자나무라는 애칭도 붙어 있다. 경남 밀양 산내면의 느티나무는 당산나무로 당당한 모습을 자랑하고 있다. 팽나무는 '천 년 소나무, 만 년 팽나무'라는 말처럼 장수목으로 이름났다. 줄기가 곧바로 자라고 가지가 넓게 퍼지므로 전체의 모양이 수려하고 열매가 매우 많이 열리므로 풍요와 다산의 의미를 가지고 있다. 제주도 북제주군 애월읍에 있는 팽나무 역시 당산나무로 잘 알려져 있다. 은행나무 또한 모양이 당당하고 웅장하기 때문에 많은 사랑을 받는다. 은행나무는 대체로 마을의 중앙에 자리하는 경우가 많다. 경상남도 함양의 은행마을에 있는 것은 당산나무로도 유명하다. 곧게 올라간 줄기와 가지에 가끔 유주(乳柱)가 돋아나는데, 이것을 산모가 달여 먹으면 젖이 많이 나온다는 말이 전한다. 또한 은행나무가 울어대는 해에는 나라에 커다란 위험이 닥친다는 말이 전해지고 있다.

해안지방을 중심으로 하는 당산나무는 상록수가 많이 선택되는데, 전라남도 돌산읍 임포마을에서는 동백나무가 잘 알려져 있다. 동백나무의 붉은 꽃은 물고기를 불러 모아 풍어를 들게 하므로 동백이 보이는 곳에서 조업을 한다는 이야기도 전한다. 후박나무는 경상남도 남해 창선면에서 그 예를 볼 수 있는데, 마을의 재앙을 막아주는 길목(吉木)으로 받들어지고 있다. 후박나무의 껍질은 천식과 위장병에 효과가 있어 약재로도 이용된다. 비자나무는 전라남도 강진군 병영면에서 당산나무로서의 예가 되고 있다. 비자나무의 바늘잎은 마을의 역귀를 쫓아내고, 시운(時運)을 예고하여 울음을 우는 장수목으로 알려져 있다.

마을의 화합과 사랑을 책임진다는 당산나무는 나무의 숫자에서도 서로 다른 의미를 찾아볼 수 있다. 마을에 한 그루 서있는 당산나무는 모든 것을 총괄하는 큰 것이라는 의미를 가지고 있다. 두 그루의 당산나무는 음양조화의 이치를 보여주고 있다고 믿는다. 본래 한 그루였던 나무의 사이가 벌어져 두 그루로 나누어지면 마을의 화목이 깨어지고 재앙이 닥친다는 믿음이 있다. 따라서 사람들은 이러한 경우에 벌어진 사이에 큰 돌을 끼워 넣어 두 그루가 하나 나무로 합쳐질 수 있도록 유도하기도 한다. 그렇게 되면 다시 마을에 평안이 찾아오고 화목해진다고 믿는 것이다. 이렇게 다시 한 나무로 된 것을 남녀목이 합쳐졌다고 하며 연리목이라고 부른다. 경우에 따라서 세 그루의 나무를 당산나무로 정하는데 이것은 생산의 의미를 가지는 삼신사상을 뜻한다. 삼(三)이라는 숫자는 신성함을 뜻하며 이상적인 변화를 추구하는 발전적인 의미를 가진 숫자로 많은 사람들의 사랑을 받고 있다. 다섯 그루의 나무는 만물의 소생을 관장하는 오행사상을 뜻한다. 또한 일곱 그루의 나무는 무병장수와 부귀의 의미를 가진다는 칠성사상을 대표하고 있다. 경우에 따라서는 열두 그루의 나무를 지정하기도 하는데 이것을 열두 봉우리의 산신을 의미하는 것으로 풀이되고 있다.

당산나무는 한 마을의 질서와 평안을 위한 것만이 아니다. 나라의 큰 재난이 닥칠 때에는 밤새워 우는 소리를 내어 위험을 알리는 영험을 부렸다는 이야기가 전국 각지에 전하고 있기 때문이다. 특히 강진 초락도에 있는 700년 된 느티나무는 한일합방 때에는 밤새워 울었고 해방되던 해에는 웃었다는 이야기는 너무나도 잘 알려져 있다. 당산나무가 가지고 있는 신통력을 믿어 온 것이 우리의 전통적인 신앙이기에 이러한 이야기는 믿음으로서가 아니라 과학적인 사실로서 더욱 조사해 보아야 할 것이다. 어쨌거나 이러한 이야기는 식물의 생장과 환경과의 사이에 어떠한 관계가 있다는 것이므로 한 가지 흥미로운 점으로 생각해 볼 수 있다.

우리나라의 나무들 가운데에는 선대로부터 유산을 물려받듯이 주인으로부터 땅을 물려받은 나무도 있다. 예천에 있는 '석송령'이라는 소나무인데, 이 나무는 주인이 세상을 떠나면서 나무에게 땅을 물려주었기에 매년 마을 학생들에게 장학사업도 하고 세금도 꼬박꼬박 내고 있다. 그리고 안동 용계리에서는 댐이 만들어지면서 물속에 잠길 뻔한 나무를 12억 원이라는 큰 돈을 들여 자리를 옮겨 살려 내었다. 이러한 이야기는 모두가 마을의 맥을 이어 주면서 살아 있는 당산나무이기에 가능한 일이다.

● 살아 있는 화석생물

지질시대에 살던 고생물의 유해 · 유물 · 유적이 지층 속에 묻혀 보존된 것을 화석이라 부른다. 일반적으로 딱딱한 부분은 그대로 보존되기도 하지만 광물질로 바뀌는 경우가 많고 연한 부분도 보존되기도 한다. 화석을 통해서 지층의 구조나 분포는 물론이고 시대의 결정과 퇴적환경 등을 추적할 수 있으며 또한 생물진화의 연구에도 매우 중요하게 쓰인다.

화석의 종류는 크게 표준화석과 시상화석으로 나눌 수 있다. 표준화석(標準化石)은 어느 시대를 가르키는지 시각적인 감각을 강조하므로 지질학적인 가치가 매우 크며 시준화석이라고도 부른다. 시상화석(示相化石)을 통해서는 퇴적환경에 관한 조건들이 강조되므로 생물진화의 증거로 사용될 수 있기에 생물적인 가치가 매우 높다. 모든 생물은 고유한 생존기간과 생존범위를 가진다. 고생물 중에서도 생존기간은 짧더라도 넓은 지역을 차지함으로써 생활범위가 넓은 것은 표준화석으로 적당하므로 지질시대를 측정하는 데 유용하게 쓰인다. 이와 비교해서 시상화석은 화석의 존재로 그것이 발견되는 지층의 퇴적환경을 밝힐 수 있도록 해준다.

생물의 진화는 매우 오랫동안 지질학적인 시간을 거치면서 진행되었다. 화석

중에는 생물의 진화를 설명할 수 있는 많은 사실들이 포함되어 있으므로 화석을 통해 생물학적인 진화를 증명할 수도 있다. 생물체의 일부 또는 전부가 화석화된 것을 체화석(體化石)이라 부르고, 생물의 발자국이나 기어 다닌 흔적이 남아 화석이 된 것을 생흔화석(生痕化石)이라 한다. 영남지역의 군위 · 영천 · 경주 · 고성 · 거제 등지와 전남 광양 · 해남 등지에서 수많은 공룡 발자국 화석이 발견되는 예를 보더라도 우리나라는 공룡 발자국 화석에 있어서는 세계 최대의 자연사 박물관이라고 할 수 있다. 식물의 수지가 화석으로 변한 것이 이른바 호박(琥珀)이며, 이 속에는 곤충이 들어 있는 경우도 종종 있는데, 이것은 대표적인 체화석이다. 이러한 호박은 북유럽 등지의 신생대 지층에서 많이 발견된다. 아주 오랫동안의 지질시대에 일어난 진화를 대진화(大進化)라고 한다면 현생 생물들의 세계에서 비교적 짧은 기간 동안에 나타나는 진화를 소진화(小進化)라고 부른다. 대진화의 가장 좋은 예는 신생대의 말 · 코끼리 등의 화석에서 찾아볼 수 있다.

지금까지 은행나무는 지구에서 살고 있는 인간의 역사보다도 더욱 긴 시간을 살아온 식물이다. 이미 2억 년 전부터 지구 위에 나타나 빙하시대와 지각변동시대를 거치면서 지금까지 살아남았다. 이렇게 오랫동안 살아남을 수 있었다는 것은 은행나무가 가지고 있는 어떠한 성분이 박테리아 등의 병해나 외부의 해(害)로부터 자신을 보호하였으리라는 추측을 낳게 한다. 더욱 놀라운 일은 은행잎이 넓은잎나무와 바늘잎나무의 중간 형태를 갖추고 있는데 다른 식물들처럼 진화의 과정을 거치지 않고도 처음 그대로의 형태로 환경의 변화를 이겨 내었다는 점이다. 따라서 식물학자들은 은행나무를 '살아 있는 화석'이라고 부르고 있다. 은행나무는 약 5천년 전 중국 남동부의 한 절에서 발견된 이후로 지금까지 종자를 인공적으로 번식시켜 왔다. 따라서 자연적인 은행나무 숲을 찾을 수 없다는 점과 중국을 비롯한 동양을 중심으로 은행나무가 널리 퍼져 있다는 점이 쉽게 이해될 수 있다. 또한 요즈음에는 서양에서도 은행나무의 신비로움이 알려지면서 정원수로나 가로수로서 그 수요가 점차 늘어가고 있다. 우리나라에서도 은행나무는 공해에 견디는 힘이 강하기 때문에 도시의 가로수로 많이 심고 있다.

용문사 은행나무는 우리나라의 천연기념물 30호로 지정되어 보호하고 있는데, 사방 10리 안에 은행 수나무가 없더라도 매년 대여섯 가마 정도의 은행을 수확하였다고 한다. 최근에는 수세가 많이 쇠약해져 가을에 한 가마 정도의 은행도 수확하기 어렵다고 한다. 이를 안타깝게 여긴 양평군에서는 은행 씨앗을 싹 틔워 용문사 은행나무의 2세를 키우고 있다. 이식할 수 있을 만큼 자라면 원하는 사람들에게 분양한다고 한다. 이러한 사업은 지역의 특산물로서 충분한 의의가 있고 자연과 환경보호를 자연스럽게 실행하는 셈이다.

은행나무의 잎은 이미 5천 년 전에 쓰인 중국의 의학서적에서도 인삼과 함께 치료약으로 이용되었다는 기록이 전하고 있다. 그러므로 많은 과학자들은 은행잎이 지니고 있는 특이한 성분에 관심을 갖고 연구하였고, 이미 여러 가지의 효능을 밝혀낸 바 있다. 이미 알려진 바와 같이 은행잎으로부터의 추출물에서 플라보노이드(flavonoid)와 테르페노이드(terpenoid) 성분을 가려내어 모세혈관의 침수성을 유지하고 동맥의 작용을 원활하게 해줌으로써 노화방지와 질병치료에 훌륭한 효능을 가진 치료약이 개발되어 있다. 또한 은행나무의 열매도 기관지염이나 천식치료제로서 한의학에서는 널리 이용되고 있다. 그러나 은행나무의 열매는 적어도 수령 30년 이상 된 나무에 열리는데, 접목법을 통해서 열매를 10년 안에 열릴 수 있는 방법을 개발하여 이용하고 있다.

최근에 호주의 시드니 북쪽 200km 떨어진 블루 마운틴의 월러미(Wollemi) 국립공원에서 지금으로부터 2억 1천만(2억 8백만) 년 전부터 1억 4천만(1억 4천5백만) 년 전의 쥐라기 시대에 번성하다가 멸종된 것으로 알려진 월러미 소나무의 서직지가 발견되었다. 윌러미 소나무의 발견지역은 0.5ha에 불과한 협곡의 좁은 습윤 지역으로 암벽등반을 해야만 접근이 가능한 곳이다. 이 식물이 멸종되지 않고 지금까지 보존될 수 있었던 것은 지리적 · 기후학적으로 가장 좋은 피난처를 만났기 때문이라고 할 수 있다. 협곡의 습윤지역은 건조한 기후와 들불 등의 자연적인 재해를 피하여 생존하기에 적합한 환경이었기에 가능하였다는 풀이이다. 이들 나무 가운데 큰 것은 직경이 1m에 높이가 38m에 이르는 큰 식물이 있고, 현재 성목으로는 23개체와 유목은 16개체에 불과하다. 이 소나무는 중생대에 살았던 나무로 남양삼나무 과(科)의 새로운 속(屬), 새로운 종(種)으로 발표되었다. 남양삼나무 과(科)의 기원은 약 2억 3천만 년 전으로 공룡이 절멸하기 시작한 백악기에 쇠퇴하기 시작하였으며, 현재까지 남양삼나무 속(屬)은 남반구에만 2속 21종이 서식하는 것으로 알려져 있다. 호주의 과학자들은 우선 이 윌러미 소나무를 조직배양으로 관심을 가지는 많은 사람들에게 분양하고자 계획하고 있다. 이 윌러미 소나무의 발견에 대해서 학자들은 금세기 최고의 생물학적인 발견의 하나로 평가하고 있으며, 사람들을 마치 타임머신에 태워 쥐라기시대로 보낸 듯한 많은 관심을 가지게 하고 있다. 이러한 화석생물들은 어떻게 수천만 년부터 길게는 수억 년이라는 엄청난 세월을 변함없이 살아남을 수 있었을까? 우리는 이들로부터 또 다른 생명의 신비를 찾아볼 수 있다.

화석생물의 경우는 식물뿐만이 아니라 동물에서도 찾아볼 수 있다. 아프리카의 마다가스카르 섬 근해의 심해저에서 한 어부에 의해서 발견된 '실라칸스(coelacanth)' 물고기는 지금부터 1억 4천만 년 전에서 6천 5백만 년 전까지의 백악기에 번성했던 어류이다. 이 물고기는 몸길이가 대략 1m 정도인데 그 생김새로부터 물고기의 진화과정을 더듬어 볼 수 있는 좋은 예가 되고 있다. 지금까지 수십 마리 정도의 실라칸스 물고기가 잡혔는데 그 가운데 한 마리가 박제표본으로 서울 63빌딩의 수족

관 옆에 전시되어 있다.

그 밖의 화석생물로서 중국 남부와 일본 연안에 주로 분포하는 투구게는 캄브리아기에 조상 형이 나타났고 페름기 이후에는 현세의 것과 모습이 거의 같다. 더구나 고생대의 삼엽충과 비슷한 유생기(幼生期)를 보낸다는 점에서 동물진화학자들의 많은 흥미를 끌고 있다. 조개의 일종인 개맛도 캄브리아기에 번성했는데, 그때나 지금이나 역시 모습이 같다. 잠자리 또한 석탄기에 나타난 큰잠자리와 모양이 아주 가깝다. 폐어도 육지의 등뼈동물 조상인 총기류와 모습이 비슷하고 몸의 곳곳에 원시적인 특징이 남아 있다. 큰 도롱뇽도 6,000만 년 전인 제3기 팔레오세의 화석과 모습이 크게 다르지 않다. 오리너구리 역시 포유류 가운데 가장 원시적인 단공류에 속하며 난생이다. 또한 지금의 거북도 이미 백악기에 활동한 그대로의 모양을 유지하고 있는 화석생물이며, 신생대 초기에 출현한 악어도 지금까지 처음 출현할 때의 모양을 그대로 유지하는 화석생물로 분류되고 있다. 이들 화석생물들은 변화되는 환경을 이기고 지금까지 살아남은 것으로 보아 생명력이 아주 강한 것으로 볼 수 있으며 더욱 이러한 화석생물은 아직까지 발견되지 않은 것들도 찾아보면 더 나타날 수 있으리라고 생각된다.

생물의 한 종이 존재하는 것은 한 개체가 살아 있다는 것과 꼭 일치하는 것은 아니다. 적어도 오랜 세월 동안 환경과 어울리면서 살아남는 방법을 터득함으로써 집단을 형성하고 있다는 것을 의미한다. 한 개체가 얼마나 오랫동안 살 수 있느냐는 것을 생물적인 수명이라 한다면, 주위 환경과 어울리면서 집단을 유지한 채 오랫동안 이어져 내려온 것을 생태적 수명이라 부를 수 있다. 이제 우리는 생물의 수명은 사람의 평균수명과 달리 인류의 역사를 더듬어볼 수 있게 하는 생태적 수명에 관심을 갖고 살펴보아야 한다. 또한 우리는 생태적 수명과 함께 화석생물을 통해서 삶의 역사를 더듬어 보고 확인해볼 수도 있을 것이다.

재두루미의 비극

세계적인 희귀 새인 재두루미는 시베리아에 살면서 우리나라에 찾아오는 겨울 철새의 하나이다. 워낙 그 숫자가 적은 희귀 새이므로 우리나라에서도 천연기념물 203호로 지정하여 보호하고 있다. 지난 1990년 6월에 알에서 인공 부화되어 그동안 자연농원에서 자라난 쌍둥이 남매인 '재철'과 '재상'의 한 쌍은 1995년 2월 비무장지대 안에 있는 샘통마을에서 그들의 고향인 자연의 품으로 돌려보내졌다. 일본 지역에서 겨울을 나고 북쪽으로 날아가는 재두루미의 무리가 비무장지대에 잠시 머무는 시간에 맞추어 이들 무리와 자연스럽게 합류하여 자연에서 살아가기를 바라는 마음에서였다. 그러나 이들 재두루미 한 쌍은 우리 안에서 사람의 손으로 길러졌기에 자연으로 되돌려진 지 나흘 만에 그만 비극으로 끝나고 말았다. 재두루미 암컷인 '재상'이가 민통선 부근의 강산저수지 앞길에서 마을 주민이 몰던 트럭에 치여 숨지고 만 것이다. 오랫동안 함께 지내던 수컷은 암컷의 죽음을 현실로 받아들이지 않으려는 듯 사고를 당한 암컷 주위를 떠나지 못하고 맴돌다가 다시 잡아들여져 자연농원의 우리 안에서 다시 보호받는 신세가 되어버렸다. 자연농원은 살아남은 수컷에게 새로운 짝을 맞추어 자연에서의 적응 능력을 더욱 키운 다음에 다시 한번 자연의 품으로 되돌려 보낼 계획을 세우고 있다고 한다.

야생의 조류가 사람의 손에 길러진 다음에 자연으로 되돌아가서 바로 적응하여 무리와 함께 어울려서 살아가는 것은 그렇게 단순한 일이 아니다. 사람의 손으로 길들여진 동물은 그들이 가지고 있는 야성(野性)을 잃어버리기 때문이다. 그러므로 잃어버린 야성을 회복시키는 훈련이 철저하게 계획적으로 오랜 시간을 두고 완전히 이루어진 다음에 자연으로 되돌려져야 한다. 두루미는 희귀한 새이므로 우리나라뿐만 아니라 세계 여러 나라의 야생조류단체에서도 알을 인공 부화시켜서 적응훈련을 거친 후에 자연으로 되돌려 보내려는 노력을 많이 기울이고 있다. 이러한 훈련과정은 알에서 깨어나자마자 바로 새끼 때부터 시작하여야 하며, 어미 새가 먹이를 잡아주는 것을 먹고 나중에 스스로 먹이를 잡아먹을 수 있는 과정에까지 이르는 훈련이 가장 중요하다. 새끼두루미는 어미가 한 번 물어놓은 먹이만을 먹는 특성이 있다고 한다. 더구나 새끼 때에 보고 듣고 배우는 기억은 평생 동안 대단히 중요한 생활방식으로 자리를 차지하게 된다. 새끼 때부터 사람이 먹이를 주게 되면 자라고 나서도 사람을 피하지도 않고 심지어는 사람을 따르게 된다. 이번에 비극을 맞이한 두루미도 달려오는 자동차를 위험물로 인식하지 못하였기에 피하지 않고 있다가 사고를 당했을 것으로 보인다. 또한 자연의 생활에 완전히 적응하지 못하였기에 북상하는 무리에 합류하지도 못하였던 것으로 생각된다. 두루미들도 처음부터 한 무리가 아닌 것은 위협을 주면서 무리에서 쫓아버리려는 습성을 가지고 있다고 한다. 자연에서의 적응 능력을 키우는 것은 먹이를 스스로 해결하는 것만이 아니라 자연의 무리에 합류하면서 싸워 이겨 나가는 능력까지도 갖춘 상태로 만들어 주어야 자연에서 살아갈 수 있을 것이다. 이러한 모든 능력을 갖춘 다음에야 비로소 자연에 되돌려지더라도 무리 가운데에서 배우자를 찾아 짝짓기까지도 성공하여 완전히 자연의 품에서 생활할 수 있을 것이다. 어쨌거나 이번의 실패를 거울삼아 자연을 회복시킬 수 있는 희망이 이루어지기를 바란다.

Ⅵ. 생물종의 다양성과 미래 환경

생물종 다양성의 감소

문명과 과학의 발달이 우리에게 가져다준 것은 생물종의 감소현상이다. 약 300년 전부터 시작된 산업혁명은 우리가 살고 있는 환경에서 생태적인 조화가 깨뜨려지기 시작한 원인이 되었다. 생물종의 감소는 바로 우리가 살고 있는 환경이 병들어 가고 있다는 직접적인 증거이다. 지금까지 사람들에 의해서 진행되어 온 문명과 과학의 발달에 따른 필연적인 결과가 환경의 오염과 이에 따른 생물종의 감소현상인 셈이다.

생물은 한대에 1~2%, 온대에 13~24% 그리고 열대에 74~84%가 분포되고 있으며, 특히 열대우림 지역은 육지 면적의 7%에 불과하지만 생물종은 50%를 차지하고 있다. 아마존 열대의 1헥타르의 숲 속에는 온대림에서보다도 10배 이상이나 많은 1백~2백여 종의 나무들이 살고 있으며, 5만여 종의 꽃식물이 자라고 있다. 열대림에서 자라고 있는 꽃식물의 숫자는 전 세계 꽃식물 종류의 22%에 이른다. 그러나 자연의 생태계를 공생의 주체로 보지 않고 자본으로만 보는 사람들에 의해 아마존의 열대림을 비롯한 세계 곳곳의 자연생태계가 점점 파괴되어 가고 있다. 1992년 브라질의 리우데 자네이로에서 세계 각국의 대표들이 모여 지구환경에 대한 문제를 토의하고 리우협약을 발표한 것은 바로 이러한 환경문제의 중요성을 보여 주는 것이다.

생물종의 감소현상은 특히 인구문제와의 사이에서 역의 상관관계가 성립된다. 몇 가지 예를 들자면 인간의 발길이 닿고 난 이후부터 갈라파고스 군도의 섬에 있는 식물 고유종 중 60%가 멸종위기를 맞고 있으며, 카나리아 군도의 섬에서는 고유 식물종의 75%가 멸종위기를 맞고 있다. 1975년 한 해 동안에 수백 종의 생물이 지구에서 사라졌다. 10년 뒤인 1985년에는 수천 종이 사라졌고, 1990년에는 최소한 1만 종에 이르는 생물이 멸종된 것으로 보인다. 그리고 2000년까지는 한해 2~5만 종이 없어질 것으로 예상했으며, 그 이후로부터 지금까지 사라질 수 있는 생물종은 이전보다 훨씬 많다고 예상하지만 정확한 숫자는 아무도 모른다. 이처럼 우리는 이제 하루 동안에도 수십에서 백 종 이상의 생물이 사라지는 시대에 살고 있는 셈이다.

우리나라의 경우를 보더라도 이미 호랑이와 민물고기인 서호납줄갱이를 비롯한 6종의 동 · 식물이 자취를 감추어 이제는 찾아볼 수 없다. 서호납줄갱이는 길이가 5.5cm 정도의 작은 민물고기로 1913년 수원의 서호(西湖)에서 채집되어 신종으로 알려진 이래 지금까지 미국의 스탠포드 대학에 표본으로 한 마리만 남아 있을 뿐이다. 이러한 생물종의 감소위기를 인식하고 정부에서도 구렁이를 포함한 13종의 파충류와 두꺼비를 비롯한 양서류 9종과 함께 왕은점표범나비를 포함한 31종의 곤충 그리고 섬말나리를 비롯한 126종의 식물 종을 합하여 모두 179종에 달하는 동식물을 골라 멸종위기에 직면한 상태로 보고 보호종으로 지정하여 보호하고 있으나 쉽지 않은 형편이다. 최근에는 열목어, 어름치, 황복, 버들치 등을 비롯한 13종의 민물고기를 특별보호 어류로 지정하여 무분별한 남획과 유통을 법으로 금지하도록 규정하고 있다.

전문가들이 예상하기로는 앞으로 30여 년 뒤에는 양서류를 포함한 지구상의 생물종 가운데 20~30%가량이 멸종위기에 놓이게 될 것이라고 한다. 앞으로도 멸종위기에 놓이는 생물종은 갈수록 늘어나 세기말에 이르면 생물종의 멸종사태가 대규모로 일어날 것으로 전문가들이 예상하고 있다. 이러한 생물종들의 멸종요인으로는 다음과 같은 점을 꼽는다. 1) 지구 온난화, 2) 인구 증가, 3) 빈곤, 4) 인식의 잘못, 5) 인간중심적 사고방식, 6) 문화적인 전통, 7) 경제적인 요인, 8) 국가정책 등이다.

한마디로 요약한다면 '생태윤리관'의 부재에서 오는 인간적인 행위로 생물종들이 절멸되고 있다. 이러한 파괴행동을 살펴보면 다음과 같이 몇 가지 이유를 설명할 수 있다.

1) 최근에 이르러 심각한 우려를 나타내는 온난화 현상은 지구의 생물계에 뚜렷한 영향을 끼치고 있는 점이 분명하다고 전문가들은 결론짓고 있다. 이제까지 관찰된 모든 대륙과 해양의 조사 자료를 근거로 분석해 보면 각 지역의 기후변화 가운데 기온 상승이 가장 큰 영향을 미치고 있다는 것이다. 이를테면 북극과 남극 지역에서 식물계와 동물계의 변화, 물고기 종류의 분포 변화, 해수면 상승에 따른 해안침식, 전염병 발생 지역의 변화 등의 현상은 모두가 온난화에 따라 나타나는 변화라고 할 것이다.
2) 자연서식처의 파괴에 따라 생물종들이 사라지고 있다는 점도 중요하다. 인간생활의 발전에 따른 생태계 변화로 생물들이 가장 큰 영향을 받는다. 인구가 증가하면서 주거면적과 식량자원을 확보하고자 토지를 이용하고, 물건을 생산하는 공장터와 문화 및 휴식을 위한 공간의 확보에 따라 생물의 자연서식처가 해마다 줄어들고 있다. 도로가 거미줄처럼 펴지고, 골프장이나 유원지 같은 대규

모 위락시설이 곳곳에 들어서면서 그 사이사이에 숲은 육지섬처럼 고립되어 생물들이 자유로이 이동할 수 없어 숫자가 점점 줄어들고 있다.

3) 외래 생물종이 들어오면서 균형을 유지하며 살고 있는 생물종들이 피해를 입고 생태계가 파괴되고 있다. 사람들이 새로운 생물자원을 이용하고자 외래 생물종을 도입하였다가 뜻하지 않은 생태계 변화가 나타난 경우가 많이 있다. 인도양의 마투리우스 섬에서 도도새가 멸종한 예는 대표적인 경우이다. 도도새는 사람을 두려워하지 않고 쉽게 접근하였다가 사람에게 해를 입었으며, 또한 두려움 없이 땅 위에 알을 낳았다가 사람이 기른 돼지가 모조리 먹어버려 1681년까지 도도새는 절멸되었다. 그 후에는 도도새의 도움으로 싹을 틔우는 칼바리아 나무도 더 이상 자라지 못해 지금은 늙은 나무만 남게 되었다. 한편 갈라파고스 제도에서는 사람들이 풀어놓은 염소들이 거북이의 먹이가 되는 식물들은 먼저 먹어버려 먹이를 먹지 못한 거북이들이 사라졌다. 그때에는 초식동물이 없었기에 거북이 먹이였던 식물은 초식동물이 못 먹도록 바늘잎이나 가시로 변하지 않았으므로 염소들이 어려움 없이 거북이 먹이를 먹어치울 수가 있었다. 우리나라에서도 식용으로 들여온 황소개구리나 외래 물고기인 블루길이 대량으로 번식하면서 토종생물의 자리를 대신하여 생태계를 변화시키고 있다.

4) 사람들을 위한 특별한 상품으로 개발하고자 많은 동식물이 남획으로 사라지고 있다. 생물종이 갖는 특성에 따라 영양식품이나 특수식품으로 가공하고자 생물들이 남획되고, 박제품이나 기념품 또는 표본으로 만들고자 많은 생물이 죽었다. 더욱이 잘못된 소문이나 미신때문에 많은 생물종들이 사라지고 있다. 예를 들자면 정력제나 강장제라는 헛소문에 코뿔소의 뿔과 호랑이 뼛가루 곰쓸개 등을 이용하고자 많은 동물들이 멸종하였거나 위기를 맞고 있다. 게다가 장식용으로 이용하려는 사람들 때문에 많은 동 · 식물들의 멸종을 맞이하고 있다. 우

리나라에서도 많은 희귀 동식물들이 사라지고 있으므로, 정부에서는 법령을 제정하여 희귀 동식물들 없애는 사람에게 벌금과 금고형에 처할 수 있도록 하여 사라져 가는 생물종을 보호하려는 의지를 높이고 있다.

5) 자연에 살고 있는 생물종을 보호한다고 포식 동물을 없애는 경우가 있다. 사람들에게 필요한 가축을 보호하고 증식하고자 천적인 독수리나 늑대 등의 육식동물을 사냥하기도 한다. 우리나라에서도 벼이삭을 보호하고자 허수아비를 세우거나, 은빛 비닐을 둘러치며, 공포를 쏘기도 하고, 그물을 덮는 등 여러 가지 방법으로 날아드는 참새 떼를 쫓는다. 그렇지만 결국에는 안정적인 벼 수확을 위해 참새 떼를 조절해야 한다고 하지만, 벼를 재배하는 동안 벼에 피해를 주는 벌레를 잡아먹는 좋은 점도 고려해 보아야 할 것이다. 이처럼 생태계 보존과 식품의 확보에 대한 문제는 그리 간단한 문제가 아니다. 한발 더 나아가 생각해 보면 문화유산을 보호할 것이냐 개발할 것이냐 하는 문제와도 비슷하다.

6) 환경오염으로 생물종이 감소하기도 한다. 환경오염은 사람들이 만들어 낸 새로운 화학물질에 의해 나타나는 현상이다. 농약과 같은 난분해성 물질은 쉽게 분해되지 않고 환경 속에 쌓이는데, 이러한 축적물이 순환체계의 흐름을 방해함으로써 결국에는 생물종이 피해를 입는다. 예를 들자면 환경오염의 한 종류인 산성비가 계속 내리면 개구리와 같은 양서류는 심각한 피해를 입고 멸종으로까지 이어진다.

● 생물종 다양성의 가치

생물다양성의 문제를 생각할 때 간과하기 쉬운 부분은 우리가 쉽게 생각할 수 없는 곳에서도 생물종의 다양성이 존재한다는 사실이다. 생물체의 크기가 작아질

수록 그들의 분포는 넓어지고 또한 알려지지 않은 지역이 더 많다는 것이다. 포유류, 어류, 조류를 비롯한 동물이나 나무나 풀을 비롯한 식물들은 지금까지 그 대부분이 이미 관찰되고 알려져 있다. 그렇지만 어디에서나 한 줌의 흙이나 진흙 속에도 우리가 알지 못하는 미생물들이 무수히 존재하고 있다. 이들은 거의 사람의 손길이 미치지 않은 채 원래의 모습을 그대로 간직하고 있다. 박테리아, 원생동물, 선충류, 응애류 등의 작은 생물들이 우리 주위에 우글거리고 있으며, 이러한 생물들이 바로 지구 표면에 살면서 생명의 모체를 만들고 있다. 저 멀리 숲 속에 살고 있는 생물의 세계에서 잠시 눈을 떼고 발 아래 가까이 있는 흙 속에 살고 있는 미생물의 존재를 살펴본다면, 이들이야말로 우리들이 끊임없이 살피고 연구해야 할 대상이라는 것을 금방 알 수 있다. 우리 눈에는 보이지 않더라도 우리가 느낄 수 있는 생명의 신비가 우리 주위에 항상 가까이 다가와 있는 것이다.

생물종의 다양성이 풍부하다는 것은 이미 널리 알려진 사실이다. 다만 사람들이 필요에 따라서 조사할 수 있는 것만을 헤아렸기 때문에 이제까지 밝혀진 생물종만이 알려졌다. 실제로 자연 속에는 이제까지 밝혀진 숫자보다도 훨씬 많은 종류가 있을 것이다. 곤충만 하더라도 추정치는 연구자에 따라 다르지만 대체로 3,000만 종에 이를 것으로 보지만, 우리에게 알려져 있는 숫자는 100만 종 이상에 불과하다. 눈에 보이지 않는 미생물의 숫자는 생물의 경우보다도 훨씬 많은데, 우리가 알고 있는 종류는 극히 일부에 지나지 않는다. 예를 들자면 태평양 깊숙한 곳에서는 열수가 뿜어 나오는데, 이곳에는 황박테리아를 비롯한 여러 종류의 미생물들이 살고 있으며 더 나아가 이렇게 덥고 햇빛도 없는 환경에서도 먹이 연쇄가 가능할 정도로 많은 종류의 생물종들이 살고 있다는 것이 알려졌다. 특별히 미생물들은 산소가 없는 곳에서도 살 수 있으므로 땅속에서도 지금까지 알려지지 않은 많은 종류가 생존하고 있을 것이다.

생물종의 다양성은 개개의 종들이 가지는 유전자의 특성을 얻어 내려는 자원생물로서의 가치를 가지고 있다. 따라서 모든 생물종은 유전자 저장소(gene pool) 또는 유전자은행(gene bank)으로 이용되고 있으며 특히 항생제를 비롯한 의학적인 면에서 그 이용이 두드러진다. 예를 들자면 미국의 의사들이 사용하는 약의 25%가 열대우림에 서식하는 식물로부터 만들어지고, 또한 암 치료제로 사용되는 식물 가운데 약 70%가 열대우림에서 살고 있는 식물이다. 지구상에서 사람 이외에 나병에 걸리는 동물은 아마존에 서식하는 남미산 야행성 포유류인 아마딜로(armadillo)뿐이라는 사실을 아는 사람은 많지 않다. 이 동물은 나병 균이 증식할 수 있는 동물이므로 나병의 치료약제 개발에서 더없이 중요한 동물이지만, 열대우림의 파괴로 이 동물의 생존자체가 크게 위협받고 있다는 것이다. 이렇게 모든 생물종은 의약품의 원료 이외에도 식품, 화장품 등의 특수 재료원으로도 널리 이용되고 있다.

지금까지 전 세계적으로 조사 · 연구된 생물자원은 전체의 1%에도 미치지 못하고 그 대부분은 아직도 연구가 진행되기를 바라고 있는 형편이다. 그러나 연구를 기다리는 동안에도 많은 생물자원은 하나둘씩 사라져 가고 있다. 가장 먼저 연구된 생물은 식량자원으로 이용되는 쌀, 밀, 보리, 감자, 귀리, 옥수수 등이다. 이러한 식량자원에 대해서도 여러 선진국에서는 세계 곳곳을 누비며 재래종을 비롯한 모든 품종을 수집하여 확보하고 있다.

생물종의 유전자는 농작물의 기본재료로 이용되고 있다. 우리가 필요로 하는 유전자의 개발과 품종육성을 위해서는 다수확을 비롯한 여러 가지 우량 유전자를 가진 품종을 만들어 재배하고 있다. 그렇지만 우량 유전자만 선호하다 보니 한편으로는 지금까지 95% 이상에 달하는 재래종들이 사라졌다. 선진국에서 세계 각지를 돌면서 재래종을 채집하는 것은 재래종이 가지고 있는 병충해에 강한 유전자를 이용하여 병충해에 잘 견디는 새로운 저항성품종을 개발하려는 뜻에서이다.

이렇게 선진국들은 국가 발전의 열쇠가 되는 생물자원의 중요성을 미리 알아차리고 생물자원을 확보한 다음에 지구환경 문제를 내세우며 생물다양성 협약을 시작한 것이다. 한 나라가 생물자원을 확보하지 못하면 결국에 가서는 경제적으로나 기술적으로도 외국에 종속되고 경제개발에 따른 국가발전도 꿈에 불과할 수밖에 없다는 사실을 우리는 심각하게 생각하여야 할 때다. 따라서 국가 경쟁력의 확보라는 차원에서도 생물종의 확보를 위한 유전자은행의 중요성이 벌써부터 대두되고 있다. 그 가운데에서도 동물종의 멸종보다도 식물종의 절멸이 현재로서 더욱 위험한 지경에 이르고 있음을 알아야 한다.

필요한 유전자를 생물에 도입하여 새로운 생물종을 종을 확보하기 위해서 유전공학적인 기술을 이용한다. 유전자조작(gene manipulation) 기술로부터 필요한 물질을 대량으로 생산하는 과정을 포괄적으로 표현하기 위해서 생물공학(biotechnology)이라는 용어를 많이 쓴다. 생명공학 기술을 이용하여 유용물질을 탐색하며, 육종에 이용할 수 있는 형질전환기술의 발전을 이루며, 생물 산업에 필요한 유용유전자의 이용을 높일 수 있다.

새로운 유전자변형식품(genetically modified organism, GMO)이라 불리는 유전개량생물이나 유전자조작미생물(genetically engineered microorganism, GEM)이라 불리는 유전공학적 미생물을 이용하려는 의도로 새로운 생물종을 만들기 위한 작업이 이루어지고 있지만, 이들 생물을 통해 언제라도 닥칠 수 있는 재해(biohazard)를 미리 예방하기 위해서는 이에 대한 실험과 생산을 종합적으로 통제할 규제관리의 강화책이 필요하다.

동·식물에 비하여 이제까지 간과되어 왔던 미생물 다양성의 중요성이 강조되는 것이 세계적인 흐름이다. 현재 나타나고 있는 지구온난화, 산성비를 비롯한 환경오염 문제를 해결할 수 있는 열쇠를 가지고 있는 것이 미생물이라는 생각에서이

	기술분야		응용분야
생체이용기술	미생물, 세포 탐색, 선별 기술 미생물, 세포	발효기술 효소이용기술 세포배양기술	의약품 농약 화학제품
생체개량기술	변이유도 기술 유전자재조합기술 세포융합기술	생물반응기 반합성기술 추출정제기술	식품 에너지, 자원 환경 농수산업
생체모방기술	시스템기술 재료기술		생물재료 생물전자 인공장기

〈기술집약적 산업〉

다. 따라서 미생물 가운데에서도 세균들이 가지고 있는 특수한 성질에 대한 연구가 필요하다는 것이다.

지금까지 밝혀진 세균의 종류는 3천 2백여 종에 불과하지만, 이는 실험실적인 배양상태에서 밝혀진 숫자일 뿐이며, 전체 세균의 수는 이보다 훨씬 많은 3백만 종에 달할 것으로 예측되고 있다. 지금까지의 연구결과를 보더라도 미생물에서 유용한 신물질이 많이 발견되었고, 다양한 능력을 가진 미생물 균주들이 알려진 사실로 미루어 보아 식물이나 동물에 비하여 미생물들이 더 중요할 수도 있다.

비록 이제까지 개발된 기술로는 활용할 수 없는 생물자원이더라도 앞으로 과학기술이 발달하면 충분히 이용할 수 있는 가능성이 있기 때문에 생물자원들에 포함되어 있는 여러 가지 유전자에 대한 연구를 게을리해서는 안 될 것이다. 이러한 점을 감안하여 다양한 종자를 모아두었다가 필요할 때 유용한 유전자를 제공할 수 있는 종자은행이나 유전자은행을 설립하여 운용하여야 한다.

생물종 다양성의 보존

생물종이 보존되었다는 최초의 기록은 아마도 성서의 창세기 편에 나타나는 '노아의 방주'에 대한 것으로 생각된다. 40일 동안이나 밤낮으로 내린 비에 세상의 모든 생명체가 없어졌으나 노아가 만든 방주 안에 보존되었던 생물들은 살아남아 오늘에 이르렀다는 이야기이다. 물론 이것은 종교적인 내용이므로 과학적인 사실과는 거리가 있다. 그렇지만 생물종의 보존이 대단히 중요한 문제이므로 더 많은 종이 없어지기 전에 사람들에게 경각심을 일깨워 준다는 의미에서 한번쯤은 생각해 볼 만한 가치를 지닌 이야기라고 생각된다. 생물종은 어떻게 해서든지 우리가 보존해야 할 충분한 의무가 있다고 여겨진다. 생물종이 보존되어야 할 이유는 여러 가지가 있지만 다음과 같은 몇 가지로 요약해 볼 수 있다.

1) 생물종은 직접, 간접적으로 인간 생활에 필요한 자원이다. 예를 들자면 식품이나 의약품 그리고 공산품 생산에 필요한 생물자원으로 이용된다.
2) 생물종을 보존하기 위해서는 생활환경의 보존이 먼저 이루어져야 한다. 대기와 수질 및 토양이라는 자연 조건의 보존은 생물종뿐만이 아니라 사람들에게도 필요한 삶의 공간을 확보하는 문제이다.
3) 생물종을 보존하려는 것은 생태계의 고유한 특성을 보존하는 것이다. 우리 생활에 필요한 언어와 풍속 그리고 문화를 보존하는 것처럼 생물종 역시 중요한 자연자원으로 보존해야 한다. 생물종은 우리의 삶을 위해 필요한 중요한 자산이기 때문이다.
4) 생물종은 당연히 윤리적, 심리적 차원에서 보존해야 한다. 지구상에서 한번 사라진 생물은 다시는 되돌아오지 못한다. 다양한 생물종을 보존함으로써 우리의

삶의 질을 높일 수 있기 때문이다.

우리는 이러한 몇 가지 이유 이외에도 보다 더 근본적인 생명체를 함부로 다룰 수 없다는 이유에서라도 우리와 함께 살고 있는 지구상의 생물종 보존 작업을 결코 소홀히 할 수가 없다. 생물종의 다양성 보존이라는 거대한 과제는 어느 한 나라나 어느 한 지역에 국한되는 것이 아니라 범지구적인 차원에서 모두가 힘을 합쳐 계획적이고도 체계적으로 이루어져야 할 것이다.

다윈이 1859년에 『종의 기원』을 쓸 수 있었던 것은 갈라파고스 섬에서 살고 있는 특이한 동물들을 보고 나서 다양한 생물종의 특성으로부터 진화론의 실마리를 발견하였기 때문이다. 지금도 갈라파고스는 아름다운 자연과 특이한 동물들을 보려는 수많은 관광객들로 붐빈다. 그렇지만 자연보호가 철저히 지켜지고 있는 이곳은 아무나 마음대로 관광할 수 있는 곳이 아니다. 자연자원에 대한 지식과 자격을 인정받은 안내인과 함께 유람선을 타고 단체로 하는 관광만 허용된다. 물론 이 섬에서는 풀 한 포기나 돌멩이 하나라고 마음대로 가져갈 수 없으며, 관광객들의 숙식도 배 안에서만 이루어진다. 이러한 자연보호정책은 에콰도르 정부의 엄격한 관리 아래 지켜지면서 갈라파고스는 동물들의 천국으로 그리고 전 인류의 자원으로 영원히 지켜지고 있다.

앞으로 다양성 보존을 위한 특별한 기구로서 동물원, 식물원, 자연사 박물관, 종자은행, 유전자은행 등의 기구가 활발히 이용되어야 할 것이다. 그 외에도 각 나라와 지역에 따라 환경영향평가를 비롯하여 생물자원에 대한 관련조사사업이 정책적으로 활발히 진행되어야 할 것이다. 이미 국제적인 기구로 국제환경기금(UNEP)이 조성되어 중요 지역에서 환경에 관련된 사업을 실시하고 있는 것은 매우 고무적인 일이다.

인구의 증가와 환경보존의 필요성

인구증가에 대한 미래의 영향에 대해서 경제학자와 생태학자 사이에서는 서로의 견해가 크게 다르다. 인구증가에 대한 경제학자들의 평가는 그리 심각하게 받아들이지 않는 편이다. 한 나라에서의 경제가 매년 5% 정도의 성장률을 나타낸다면, 인구가 3%의 성장률을 나타내더라도 매년 생활수준은 2% 정도 향상될 것이라고 보기 때문이다. 경제적인 측면에서만 본다면 이러한 생각은 이치에 어긋나지 않을 뿐만 아니라 이러한 지표를 미래의 경제를 전망하는 기초자료로 이용하기도 한다.

생물학적인 지표를 조사하는 생태학자들은 똑같은 상황을 놓고 전혀 다른 관점에서 보게 된다. 인구의 증가와 경제발전으로 야기되는 생활과 산업 활동에 필요한 수요의 증가로 말미암아 여러 나라에서 삼림과 초원 그리고 토양의 이용 정도가 한계를 넘고 있다는 점을 더욱 중요하게 생각한다. 제3세계를 포함하는 지구 전역에서 이루어지는 경제발전으로 자연이 생산할 수 있는 한계를 초과하고 있다는 점을 강조하는 것이다. 인구의 증가는 결과적으로 지구가 제공하는 자원이 고갈되어 인간을 살리는 바탕이 무너지는 것이라고 경고하고 있다.

지구에 현생 인류가 출현한 이래 인구는 꾸준히 증가하고 있다. 네안데르탈인이 나타나던 약 10만 년 전에는 전체 인구를 2백만 명 정도로 추산할 수 있으며, 농업혁명이 일어나던 1만 년 전만 하더라도 500만 명 정도로 추산하고 있다. 그러다가 중세로 접어들면서 미국대륙을 발견하던 1492년에는 지구의 인구가 2억 5천만 명으로 증가했고, 그 후 150년이 지난 1650년경에는 5억 명으로 불어났다. 그 후 300년 동안에 약 25억 명이라는 숫자가 불었고, 1980년에는 45억 명으로 크게 늘어났으며, 이제는 지구의 인구가 '6'자를 떼고 '7'자를 앞에 쓰는 70억 명에 이르렀다. 현생인류가 출현하고 인구가 5억 명으로 늘어날 때까지 매년 증가율은 0.006%

에 불과하였지만, 그 이후에는 매년 0.5%의 증가를 보였고, 1950년대에는 1.7%의 증가율을 나타낸 것을 보더라도 세계인구의 증가율은 가파르게 높아만 가고 있다. 물론 인류의 지혜를 모아 적정한 선에서 인구 증가율을 억제하리라 생각하지만 시간이 흐를수록 인구는 절대적으로 증가하기 마련이다.

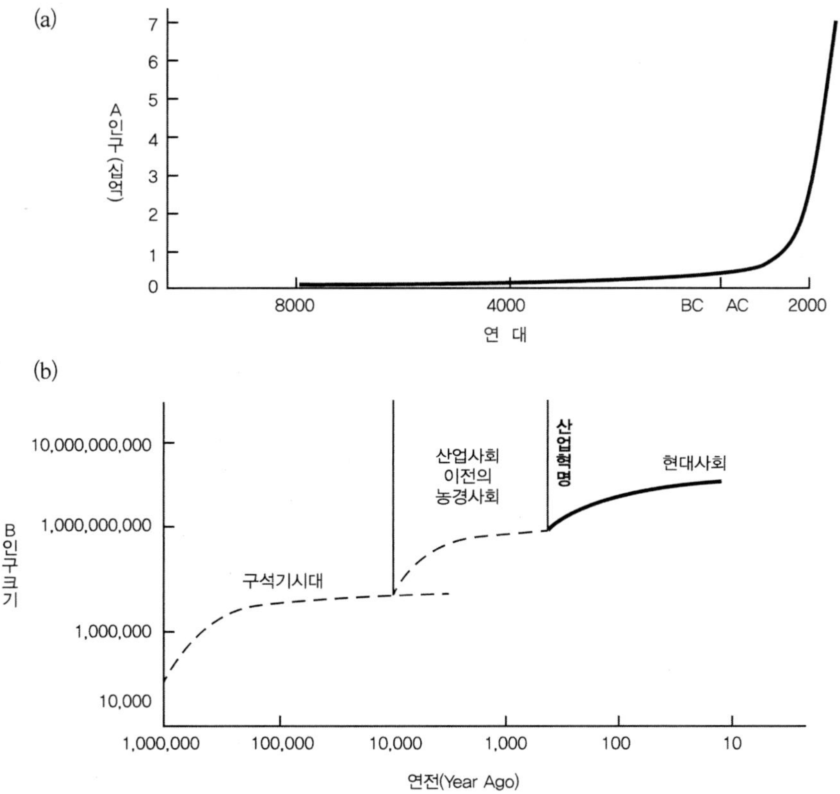

(a) 선형규모로 나타내어 연속적인 지수적 성장을 보이고 있다.
(b) 대수규모로 나타내어 세번의 성장파동을 보이고 있다(The human population scientfic american).

〈인구의 증가를 나타내는 두 가지 설명〉

지구에서 인구가 증가해온 모습은 그림으로 설명하는 것처럼 연속적인 증가를 보이지 않았다. 대체적인 인구의 증가 모습은 세 번에 걸친 변화를 나타내고 있다. 초기 인류시대에 인간은 생존을 위해 열매를 채취하고 수렵을 통해 양식을 확보하였다. 이렇게 장소를 이동하던 시대에는 사망률이 상당히 높았고, 출생률 또한 최대에 이르지 못하였기에 인구의 증가는 안정적으로 유지되었을 것이라고 본다. 원시적인 수렵과 채취를 하던 시기에는 기후가 좋아 식량이 풍부하고 인구가 많아지면 식량이 부족하여 다시 이동하게 되고 이동하는 동안에는 출생빈도는 감소하여 인구가 조절되는 상황이 반복되었다. 또한 이 시기에 사람들은 채식 위주의 식생활에 따라 적은 칼로리와 지방의 부족은 생식적으로 늦게 성숙하여 첫 출산이 늦은 것도 인구 조절의 한 요인으로 작용하였으리라는 견해도 있다.

사람들은 수렵 · 채취의 어려운 시기를 거치고 동식물을 사육하면서 식량을 확보하게 되었다. 따라서 이전처럼 식량을 구하기 위한 이동의 필요성이 없어지고 농경을 위해 한곳에 정착하게 되면서 인구는 급격히 증가하게 되었다. 농업기술의 발달은 사람들의 영양 상태를 좋게 하여 출생률이 증가하고 사망률은 감소함으로써 급격한 인구의 증가를 가져왔다. 기원전 8000년부터 1750년 동안의 평균적인 증가율은 0.4~0.6%에 이르러 1500년마다 인구는 두 배로 증가하였다. 이 시기에는 인구가 증가하면서 질병과 기근 및 전쟁에 의해 사망률도 증가하였는데, 17세기에 나타난 흑사병으로 인구는 감소하기도 하였고 십자군전쟁과 같은 빈번한 전쟁과 생활의 피폐로 사망률도 증가하여 전체적인 인구는 점차 안정된 상태를 유지하였다.

현재 세계 인구는 세 번째의 증가 단계에 자리하는데, 이것은 18세기 이후로 시작된 산업혁명의 결과이다. 농업 생산력의 증가로 사람들은 기근으로부터 벗어나 사망률이 감소되었고, 의학과 위생시설이 발전하여 질병에 의한 사망률도 감소하였다. 경제발전에 따라 생활이 안정되어 출생률도 증가하여 인구는 지속적으로 증가하였다. 유럽의 인구는 17~18세기 사이에 연평균 0.5~0.8%의 증가를 보였다. 지역별로 질병과 기근으로 사망률이 높기는 하였지만 기술의 발달에 따라 인구는 빠르게 증가하였다. 1970년대 초반까지 아시아와 아프리카는 2.6%의 증가율을 보였고 라틴아메리카에서는 3.0%의 증가율을 나타내었고 저개발 국가를 중심으로 가히 폭발적으로 증가하고 있다. 지난 1800년 10억 명에 달했던 세계 인구는 1925년 20억 명을 돌파했다. 인구 학자들은 1999년에 이르러 세계 인구가 60억 명을 넘어섰고 2011년에는 70억 명에 도달할 것으로 전망하고 있는데 이러한 예측이 사실로 드러났다. 지난 1970년대부터 전 세계 인구 증가율이 연 2%대에서 1%대로 떨어지는 등 인구 증가세가 다소 둔화되는 조짐을 보이고 있지만, UN은 2050년에는 세계 인구가 93억 명을 넘어설 것으로 예상하고 있다. 현재의 세계 인구는 전체적으로 보아 성장률은 둔화하고 있지만, 저개발 국가에서는 계속해서 인구가 증가하고 있으며, 이러한 인구 증가가 어떠한 사회적인 혼란에 의해서 억제되든가 아니면 예방적인 억제에 의해 스스로 조절될 수 있을지 예측하기조차도 어려운 형편이다. 항상 어려운 일이 있을 때마다 인류는 가능한 지혜를 모아 슬기롭게 대처했던 경험을 되살려 다시 한번 이 문제에 대한 대처 방법을 찾을 수도 있을 것이다.

인구의 폭발적인 증가는 식량자원의 부족을 초래하는 것만이 아니라 많은 사람들이 살아가는 방법으로부터 야기되는 에너지 자원의 고갈과 더불어 심각한 환경의 파괴 그리고 환경의 오염을 생각해야 한다. 산업혁명 이후로부터 사람들은 산업과 생활에 필요한 물건들을 대량으로 생산하면서 자연을 착취하거나 이용하면서 필요한 만큼 만들어내는 것이 분명하다. 그렇지만 현실적으로 산업과 기술을 통해 경제발전을 꾀하다 보면 자연환경은 파괴되기 쉽다. 그러므로 환경을 보존하기 위해서는 국제적인 협력을 통해서나 시장경제에 제재를 가해서라도 어떤 방법으로

든지 환경의 질을 보존하기 위한 대책이 필요하다.

인류의 생존과 환경보존을 위해서는 경제학과 생태학의 간격을 줄여야 한다. 이들이 추구하는 목표는 자연을 적절히 이용하여 경제적인 이익을 추구하는 것이므로, 서로의 입장은 크게 보면 서로 다르지 않고 동반자에 가깝다고 할 수 있다. 그렇지만 일반인들에게는 서로가 전혀 다른 것처럼 보인다. 따라서 생태학과 경제학이 사람들의 인식을 바꾸고 서로 조화를 이루기 위해서는 '환경 친화적이면서도 원만한 경제성장'을 이룩해 내는 방법을 찾아야 한다. 산업과 기술의 발달로 사람들은 점차 자연을 지배하고 관리하는 조절자로 군림하게 되었고, 어느 사이엔가 사람들의 이익과 복지를 위해서는 어떤 일도 할 수 있다는 인간 중심적으로 가치기준이 변해 버렸다.

자연의 파괴는 자연을 훼손하는 데 그치지 않고 사람들 자신을 파괴하는 것으로까지 이어진다. 자연 환경의 파괴와 환경오염은 우리 자신의 삶과 직접 연결된다는 것을 깨달아야 한다. 그리하여 우리는 맑은 공기와 깨끗한 물을 이용할 수 있도록 하고 또한 이것을 우리 후손에게도 그대로 물려주어야 한다. 이러한 미래를 위해서는 자연을 구성하는 모든 것들이 각각 고유한 가치를 지니고 있다는 것을 인정하고, 그들이 가지고 있는 권리를 존중하면서 더 나아가 사람들과 똑같은 지위와 권리를 인정해야 한다.

사람들이 자연을 지배한다는 오만한 생각을 가지게 되면 환경오염과 자연파괴는 물론이고 결국은 사람들의 생존마저도 어려워진다는 사실을 잊어서는 안 된다. 자연은 살아 움직이는 하나의 거대한 생명체이다. 하늘과 바다와 땅이 죽었다 한다면 환경문제는 생각할 여지가 없다. 환경이 죽었다는 것은 지구가 달과 같다고 보아야 하기 때문이다. 이처럼 지구의 공기와 물 그리고 땅이 죽어간다는 점에서 아주 심각한 문제가 있는 것이다. 그러기에 우리는 우리가 살고 있는 지구의 자연환경은 질적인 면과 양적인 면을 고루 갖추고 있는 유기적 존재로 인정하고, 이 지구 환경을 그대로 보존하여 맑은 공기와 깨끗한 공기를 고마워하고 또한 후손에게도 전해 주어야 할 것이다.

생명과 환경의 미래

환경을 구성하는 요소로 무생물적인 요소와 생물적인 요소로 구분할 수 있다. 무생물적인 요소에는 여러 가지가 있겠으나 크게 나누어 보아 물기, 대기, 토양을 꼽을 수 있다. 물은 어느 곳이나 존재하지만 많고 적음이 다를 뿐이며, 또한 한곳에 머물러 있지 않고 항상 순환하고 있다. 하늘로부터 떨어지는 물을 우리는 강수(降水)라 하는데, 비를 포함해서 눈, 우박, 서리, 이슬, 안개의 형태로 대기 속에 떠 있다가 땅으로 내려오는 것이다. 땅으로 떨어진 물은 서로 모여 물줄기를 만들고 시내와 강을 거쳐 바다로 흘러가거나 일부는 땅 속으로 스며들어 지하수를 이루기도 한다. 물은 어느 곳에 있든지 또다시 공기 중으로 증발함으로써 연속적으로 돌고 도는 것이다.

한편 생물적인 요소로 여러 종류의 생물들이 있지만, 생명현상의 중심이 되는 양분과 에너지를 중심으로 구분한다면 모든 생물을 생산자, 소비자, 분해자로 나눌 수 있다. 녹색식물은 광합성을 이용해 양분을 생산하는 생산자의 역할을 맡고 있으며, 만들어진 영양분을 이용하는 방법에 따라 초식동물과 육식동물의 소비자가 있다. 그리고 모든 동식물의 사체를 분해하여 양분생산을 위한 원료로 공급해 주는 미생물인 분해자가 있다. 다시 말하자면 모든 생물과 미생물은 양분과 에너지를 만들어내는 과정에서 그냥 존재하는 것이 아니라 항상 돌고 도는 순환과정을 계속하고 있다. 특별히 미생물은 동 · 식물이 만들어낸 유기물을 분해시켜 식물이 영양물질 생산하기 위한 원료로 재활용할 수 있도록 해주는 셈이다.

이처럼 환경은 무생물적인 요소와 생물적인 요소들이 한데 어울려 항상 순환하고 있는 것이 특징이다. 환경을 이루는 모든 요소들은 순환과정에서 맡은 바 임무를 충실히 해 나가면서 서로서로 조화를 이루고 있다. 이러한 순환과정 한가운데에서 사람들은 지혜를 발휘하여 스스로 살고 있는 환경을 개선하고자 여러 가지 방법을 이용하였고 새로운 물질들을 만들어 내었다. 이렇게 만들어진 물건들이 미생물에 의해서 제시간에 분해되지 못한 채 쌓이게 되면 환경의 순환체계는 조금씩 엉클어지기 마련이다. 이러한 현상은 바로 환경의 질서가 변화되는 것이며, 더 나아가 환경오염으로 나타나는 것이다. 환경오염은 사람들이 사회적 발전과 경제적 발전을 추구하는 과정에서 어쩔 수 없이 나타나는 현상이다. 이제 우리는 이러한 잘못을 깨닫고 어떤 방법으로든지 환경오염을 해결할 수 있는 방법을 찾아내어야 한다.

사람은 자연 속에서 살고 있지만, 자연의 거대한 능력과 비교해 본다면 매우 초라한 존재일 수밖에 없다. 그러므로 사람들은 옛날부터 자연을 숭배하고, 자연의 뜻을 거스르지 않으며, 자연 속에서 감사하며 살아가는 혜택을 누리고 있다. 그러다가 사람들의 인지가 조금씩 발전하면서 자연의 법칙을 알게 되었고, 조금씩 자연을 이용하기도 했지만 아직까지도 자연을 이기고 능가하기에는 아직도 한참 부족하다.

인류의 생태계 파괴는 원시시대부터 시작된 일이다. 인류의 이동이 있으면서 지역적으로 많은 동물 종들이 멸종된 것을 보더라도 조금은 이해할 수 있다. 그렇지만 근대문명의 발전에 따라 사람들에 의해서 이루어지는 생태계의 위협은 옛날보다도 더욱 크게 번지고 있다. 많은 학자들은 지금과 같은 파괴과정이 계속된다면, 21세기 중에 지금까지 살고 있는 생물의 절반이 사라질 것이라고 예측하고 있다.

생물체의 멸종은 자연의 파괴로 이어지고, 또한 자연의 파괴는 인류의 파멸과 결코 무관하지 않다. 생물종의 감소현상이 계속되더라도 가장 끈질긴 생명력을 가진 종들은 그래도 살아남을 것이다. 그러한 종을 우리는 강자라고 부를 수 있는데, 어쩌면 이들이 지구환경을 지배할 수도 있을 것이다. 이들 강자 가운데 사람이 포함될 수 있다는 것은 그나마 다행한 일이라고도 생각할 수도 있다. 그렇지만 사람들이 다른 생물들과 더불어 살지 못하고 외롭게 혼자만 살아남는 것은 도대체 무엇을 의미하는 것이며 이 또한 얼마나 삭막한 일인가를 생각해 보아야 한다. 그러므로 자연 속에 살고 있는 인간의 위치를 겸손한 마음으로 생각해 보고, 이성적으로 생각하며 서로 돕고 살아가자는 것이 많은 사람들의 생각이다. 이처럼 자연을 생각하고 생명을 사랑하는 인간의 생활이야말로 사람이 살기 위한 유일한 방법인 셈이다.

갈라파고스는 해마다 아름다운 자연과 특이한 동 · 식물들을 보려는 수많은 관광객으로 붐빈다. 자연보호정책이 잘 유지되고 있는 갈라파고스에서의 관광은 유람선만으로 하되 자격 있는 안내인과 함께 하는 단체 관광이어야만 허용된다. 갈라파고스에서는 풀 한 포기나 돌멩이 하나라도 마음대로 가져올 수가 없다. 세계문화유산으로 등재되어 철저한 환경보로정책이 펼쳐지고 있는 갈라파고스를 보려고 세계 각지에서 찾아온 관광객들도 갈라파고스의 질서를 무시할 수가 없다. 세계문화유산이기 때문에 그러는 것이 아니라 세계 여러 나라 그리고 각 지역에 나뉘어 있는 모든 자연환경 관광지에서는 관광객 모두가 똑같은 마음으로 환경을 지켜야 비로소 자연환경은 그나마 있는 그대로의 모습을 유지할 수가 있다.

우리나라에서도 곳곳에 상수원보호구역을 지정하여 오염을 막고자 노력하고 있다. 그러기에 사람들은 물이 흐르는 계곡에서는 아무 곳에나 자리 펴고 즐길 수 있다는 생각을 바꾸어야 한다. 어쩌면 우리나라처럼 산 속이나 계곡에서 자유롭게 즐기는 것이 허용되는 나라는 거의 없다. 도시에서 기초질서 위반사범을 단속하는 것처럼 지속적으로 단속함으로써 어느 곳에서든지 질서를 지켜야 한다는 최소한의 생각이 사람들의 마음에 자리 잡을 수 있도록 해야 할 것이다. 그래야만 지금까지 그나마 지켜온 우리 자연환경이 유지될 수 있을 것이다. 아시아의 작은 도시국가인 싱가포르는 1인당 국민소득이 4만 달러가 넘는 경제적 부국이다. 이만한 국민소득이라면 경제적으로 보아 분명히 선진국 수준이다. 그러나 싱가포르는 스스로 선진국이라는 자리매김을 반납하고 있다. 국민적인 의식수준이 스스로 자연환경을 관리할 수 있는 정도로 성숙되지 않았다는 그들의 생각에서이다. 이러한 그들의 생각과 의지를 보고 우리는 우리 자신에 대해서도 곰곰이 한번쯤 되새겨보는 것도 충분한 의미가 있다. 결국 우리의 생명과 환경의 미래는 우리 스스로의 손에 달려 있기 때문이다.

보이지 않는 질서

–생명 그리고 환경